Untersuchungen
zur indogermanischen Sprach- und Kulturwissenschaft.

Herausgegeben

von

Karl Brugmann und Ferdinand Sommer.

6

Indogermanische Ablautprobleme.
Untersuchungen über Schwa secundum, einen zweiten indogermanischen Murmelvokal.

Von **Hermann Güntert.**

Straßburg
Verlag von Karl J. Trübner
1916.

Indogermanische Ablautprobleme.

Untersuchungen über Schwa secundum, einen zweiten indogermanischen Murmelvokal.

Von

Hermann Güntert.

———————

Straßburg
Verlag von Karl J. Trübner
1916.

In den Wissenschaften ist viel Gewisses, sobald man sich von den Ausnahmen nicht irre machen läßt und die Probleme zu ehren weiß.

Goethe, Sprüche in Prosa.

Druck von M. DuMont Schauberg, Straßburg i. E.

Seinem lieben Lehrer,

Herrn Geheimrat

Professor Dr. Karl Brugmann

zugeeignet

zum Zeichen seiner Verehrung

Der Verfasser.

Vorwort.

Die erste Anregung zu den folgenden Ablautstudien gaben mir Osthoffs Bemerkungen über lat. *magnus* in den MU VI, 209ff; es reizte mich, dieser geheimnisvollen, 'nebentonigen Tiefstufe' nachzuspüren, je mehr ich diese Lehre von anderer Seite bestritten fand. Aber unvermerkt führte dieser Weg bald mitten auf das heiß umstrittene Schlachtfeld der 'Sonantentheorie', und so entschlossen ich von vornherein auch war, nicht den Ablaut, sondern nur ausgewählte Probleme aus den Ablauterscheinungen der indogermanischen Sprachen zu behandeln, bald wurde ich immer mehr von diesen geheimnisvollen Rätseln angelockt — vielleicht auch manchmal verlockt —, und so mußte ich wohl oder übel zu mancher Frage Stellung nehmen, die dem Ausgangspunkt meiner Studien schon recht fern lag. Zwar habe ich das Problem der Dehnstufe, dem ja van Blankenstein eine besondere Arbeit gewidmet hat, gänzlich ausgeschaltet, so wenig mir auch diese Frage geklärt scheint (s. Verf. IF. 37, § 21); wohl aber hatte ich mir über die 'o-Abtönung' eine Ansicht gebildet, ehe Hirts Arbeit 'Fragen des Vokalismus und der Stammbildung im Indogermanischen' IF. 32, 209—318 erschienen war, deren Ergebnis ich nicht billigen kann. Doch da der Raum, der mir in diesen 'Untersuchungen' zur Verfügung gestellt wurde, nicht meinen ursprünglichen Plan gestattete, in einem Buche meine Ablautstudien zu vereinigen, mußte mein Versuch über die idg. Abtönung, der eigentlich den ersten Teil dieses Buches hatte bilden sollen, an anderer Stelle (IF. 37, 1—87) veröffentlicht werden. Trotz dieser äußeren Trennung meiner Arbeiten über den idg. Ablaut schien es mir aber geboten, in der Schlußübersicht die Ergebnisse jenes Aufsatzes über die 'o-Abtönung' mit den Resultaten vorliegenden Buches zu verbinden und so kurz zu skizzieren, wie ich mir ein wesentliches Stück Ablautsgeschichte vorstelle.

Im Gegensatz zu Pedersens Anschauungen, die bis jetzt kaum ernstlicheren Widerspruch gefunden haben, erhob sich mir immer mehr die schon von Hirt, Osthoff, Fortunatov u. a. geäußerte Vermutung, zur vollen Sicherheit, daß nicht nur ein *Schwa*, sondern zwei reduzierte Vokale dem Bestande des voreinzelsprachlichen idg. Vokalismus zuzuerkennen seien, und bald zeigte sich, daß mit dem ernstlich durchgeführten Ansatze dieses zweiten *Schwa* die leidige 'Sonantentheorie' aufhört, ein besonderes Problem zu bilden: Nasale und Liquiden wurden genau so behandelt, wie andere Konsonanten, und der Ansatz besonderer Gruppen, wie *ʐr*, *ʐʳ* u. s. w., ist in den bekannten Sonderfällen nicht berechtigt; anders ausgedrückt: derselbe überkurze, reduzierte Vokal, den viele bis jetzt nur vor oder nach Nasal und Liquida annahmen, begegnet auch sonst in beliebiger konsonantischer Umgebung; folglich handelt es sich nicht nur um einen sog. 'Stellungslaut', sondern um einen ganz selbständigen Murmelvokal der Ursprache. Da man nach Ficks Vorschlag schon ein 'Schwa indogermanicum' annimmt, das in den außerarischen Sprachen als *a*, im Indoiranischen aber als *i* erscheint, habe ich diesem zweiten, von mir dem idg. Vokalbestand zugeschriebenen Murmelvokal vorläufig den Namen 'Schwa secundum' gegeben.

Damit also kein Mißverständnis entsteht, darf ich dem Leser gleich hier angeben, daß *Schwa indogermanicum* (d. h. der aus alten idg. Längen hervorgegangene, reduzierte Vokal, der europ. *a*, arisch *i* ergab) in diesem Buch mit *ɒ* bezeichnet ist, während *ə* einen davon zu scheidenden, zweiten idg. Murmelvokal, eben unser *Schwa secundum*, bedeutet, das bei der Vokalschwächung aus den kurzen Vokalen *a*, *e*, *o* entstanden war. Diese Bezeichnungsweise scheint mir vor anderen Möglichkeiten schon aus typographischem Grunde den Vorzug zu verdienen.

Bei Untersuchungen voreinzelsprachlicher Verhältnisse wird stets schwer zu sagen sein, wie weit man in der Behandlung der Belege gehen soll; vielleicht wünschte mancher ein noch genaueres Eingehen auf Einzelfälle. Indessen glaube ich soviel Beispiele gegeben zu haben, als zum Beweise oder zur Verdeutlichung meiner Ansichten ausreichen: alle Belege zu geben, ist nicht nur unnötig, sondern geradezu unmöglich bei so schwierigen Problemen, wie sie der idg. Ablaut bietet. Zudem zwang mich auch schon der beschränkte, mir eng zugemessene Raum, von einer ins einzelnste gehenden Behandlung aller Beispiele abzustehen. Wie bei jener Studie über die *o*-Abtönung ein allzu genaues Eingehen auf Sonderfälle griechischer oder slavischer Betonung billiger Weise nicht erwartet werden kann, so darf auch bei einer Arbeit über quantitative Ablautfragen eine Anführung 'sämtlicher' Fälle nicht wohl verlangt werden: nur wer die weitere Entwicklung des Vokalismus einer einzelnen Sprache in historischer Zeit verfolgt, der soll möglichste Vollzähligkeit der Belege anstreben. Bei einer wissenschaftlichen Frage, wie der hier behandelten, konnte es mir einzig auf den Versuch ankommen, durch Vergleichung und Kombination einzelsprachlicher Tatsachen in großen Linien und mit groben Strichen ein Bild der alten Vokalverhältnisse zu entwerfen, die für jede idg. Einzelsprache als Grundlage vorausgesetzt werden dürfen. Wie sich dann in einzelsprachlicher Zeit diese lautlichen Verhältnisse, vom klaren Licht der Geschichte beleuchtet, weiter entwickelt haben, wird für jede Sprache erst wieder besonders zu untersuchen sein, eine Aufgabe, in die Philologe und Sprachforscher sich zu teilen haben. Bei so gearteten wissenschaftlichen Problemen aber heißt es zaglos und von einzelnen Details unbeirrt gestalten, wenn man überhaupt ein Ergebnis gewinnen will: wer allzu ängstlich und befangen von Sonderfall zu Sonderfall trippelt, wird vielleicht günstigsten Falles manch wertvolle, wissenschaftliche Kleinarbeit leisten, dem Ablautproblem als solchem aber wird er schwerlich jemals nahe kommen!

Wie man aber auch über diese Dinge denken mag, jedenfalls bin ich überzeugt, daß eine Anhäufung weiterer Belege das Resultat dieser meiner Untersuchungen nicht wesentlich geändert hätte. Halten viele schon ein umfangreiches Buch an sich für ein Übel, so scheint mir ein dickleibiges Werk über den idg. Ablaut in der Tat ein μέγα κακόν zu sein: wer würde es wirklich lesen? oder gar — kaufen?

Ob sich manche meiner Ansichten und Ergebnisse über die idg. Ablautverhältnisse bewähren, mag die Zeit entscheiden: jedenfalls wage ich selbst mich bei der großen Schwierigkeit des behandelten Gegenstands nicht so zuversichtlich und frohlockend zu äußern, wie es Hirt seinerzeit über seine Ablautstudien tat (s. Vorwort zum Ablaut S. IV.). Mögen meine bescheidenen Versuche, einem höchst verwickelten Problem etwas näher zu kommen, aber wenigstens das Interesse an diesen so wichtigen Fragen wieder neu beleben, und mögen sie vor

allem des großen Sprachforschers nicht ganz unwürdig befunden
werden, dem die folgenden Blätter gewidmet sind, und der
mit seiner glänzenden Entdeckung der Nasalis sonans auch
der Ablautforschung neue Wege gebahnt hat!
Meinem gütigen Lehrer Herrn Professor Bartholomae
habe ich wieder auf das wärmste dafür zu danken, daß er
bereitwilligst die Korrekturbogen dieser Arbeit mitgelesen hat.

Heidelberg, Kriegs-Weihnachten 1915.

Hermann Güntert.

Inhalt.

I. Schwa indogermanicum.

1. Seit Hübschmanns Buch 'Das idg. Vokalsystem' galt die schon vorher beobachtete Tatsache als sicher erwiesen, daß man dem Vokalbestande der idg. Grundsprache einen nicht näher in seiner Aussprache bestimmbaren Murmelvokal zuerkennen müsse, der normal im Arischen durch *i*, sonst aber durch *a* vertreten und fortentwickelt sei: nur im Indoiranischen˙ also ist dieses 'Schwa indogermanicum', wie zuerst Fick den reduzierten Vokal mit dem Terminus der hebräischen Grammatik nannte, von idg. *a* auseinanderzuhalten, sonst ist es mit idg. *a* zusammengefallen.

Diese Lehre, die schon längst in alle Handbücher übernommen ist, hat von Pedersen KZ. 36, 75 eine scharfe Kritik erfahren: der dänische Gelehrte leugnet die Existenz eines bereits vorsprachlichen Murmelvokals und geht nur von idg. *a* aus, das sich im Arischen lediglich auf lautmechanischem Wege unter bestimmten Bedingungen zu *i* gewandelt habe. Beifall scheint diese neue Ansicht wenig gefunden zu haben; ich erwähne die Bemerkungen Hübschmanns IFA 11, 28, Brugmanns Kvgl. Gr. 80, Bartholomaes Wochenschr. f. kl. Phil. 1902, Nr. 23, S. 626ff., Thumbs Handb. d. Sanskrit 52, § 69 A, Perssons Beitr. 691 A. 2. Indessen nur Bartholomae aaO. und Hirt Ablaut 148 f. bringen einzelne Einwände vor, ohne aber auf den Urheber der neuen Ansicht Eindruck zu machen: Pedersen, der schon KZ 38, 400 ff. seine Lehre gegen Hirt und Hübschmann verteidigte, verharrt auch jetzt noch auf seinem Standpunkt; s. Vgl. Gr. d. kelt. Spr. 1, 30, § 24 Anm.

Wenn nun auch, wie mir scheint, Pedersens Anschauungen immer noch nicht viele Anhänger gefunden haben, so halte ich diese Frage denn doch für viel zu wichtig, ihre Bedeutung für die idg. Lautlehre, für den Ablaut und somit für den Vokalismus jeder idg. Einzelsprache für viel zu einschneidend, als daß man sich gleichgültig und teilnahmlos mit einem non liquet bescheidet. Auch Persson geht in seinen Beiträgen 691 A auf diese Frage nicht näher ein, obwohl er sonst gerne zu strittigen Problemen der idg. Lautlehre in diesem Buche Stellung genommen hat.

2. Zwar weiß ich wohl, daß von mancher Seite der Erforschung und Untersuchung derartiger Probleme von vornherein starkes Mißtrauen entgegengebracht wird: da man bei solchen Fragen des idg. Ablauts genötigt ist, den festen Boden einer idg. Einzelsprache zu verlassen und mit noch so fleißig zusammengetragenen Stellensammlungen, Schriftstellerzitaten und statistischen Tabellen allein nicht mehr vorwärts kommt, scheinen manche überängstliche oder überskeptische Gelehrte allmählich zu der resignierten Überzeugung gekommen zu sein, bei der Unsicherheit dieser voreinzelsprachlichen Probleme sei es mit Hilfe der uns zu Gebote stehenden Mittel nicht erreichbar, Sicheres und Objektives zu erarbeiten. So ist augenscheinlich in manchen Kreisen die Erforschung des indogermanischen Ablauts als 'glottogonisches Problem' in Verruf gekommen und wird nun als ein Gebiet verschrieen, wo man zwar lustig und leicht buntschillernde Seifenblasen aufsteigen und schnell erlöschende Leuchtraketen in das vorgeschichtliche Dunkel aufrauschen lassen könne, wo aber ein streng methodisches, objektives Forschen nicht mehr möglich sei. So mag es kommen, daß man auch der Frage des 'Schwa' nicht näher treten möchte, und daß daher PEDERSEN jetzt gar in einem Handbuch seine Ansichten über die idg. Ablautverhältnisse gleich sicher ermittelten Tatsachen vorträgt. Aber gerade PEDERSENS Lehren über idg. Ablautprobleme scheinen mir in diesem wie in anderen Punkten (s. z. B. Verf. IF. 37, § 7 mit A.) verfehlt und irrig, ja sie bedeuten meiner Überzeugung nach in vieler Hinsicht gegenüber HIRTS 'Ablaut' einen Rückschritt. Es ist somit jedenfalls an der Zeit, daß gegen diese Lehren des dänischen Sprachforschers Einspruch erhoben wird, damit nicht der Anschein entsteht, als sei man mit seinen Ansichten über die idg. Ablautverhältnisse stillschweigend einverstanden.

3. Dabei kann ich gleich hier die Versuche, auch das Semitische in Fragen des idg. Ablauts heranzuziehen (PEDERSEN IF. 22, 341 ff.; Vgl. Gr. d. kelt. Spr. 1, 1, 89, § 52), nur als Fehlgriff bezeichnen. Die Beziehungen des Indogermanischen und Semitischen sind unter keinen Umständen 'so sicher erforscht, daß sie in einigen Punkten auf unsere Ansichten über die

idg. Lautgeschichte Einfluß üben' können (Vgl. Gr. d. kelt. Spr. 1, 1, 2). Man hat Hirts Basenansätzen in seinem Ablautbuch als willkürlichen Konstruktionen in vielen Fällen berechtigte Zweifel entgegengebracht, aber in weit höherem Maße ist dieser Vorwurf Möller bei seinen semitisch-indogermanischen Studien zu machen. An Möllers Arbeiten über die Verwandtschaft des Indogermanischen und Semitischen hat man die wissenschaftliche Methode hervorgehoben, offenbar aber nur im Gegensatz zu früheren, rein dilettantischen Bemühungen, die Zugehörigkeit beider Sprachzweige zu einander zu erweisen. Daß diese Methode aber unzulänglich und unzureichend ist, um die wuchtige Last einer so schwerwiegenden Behauptung zu tragen, kann m. A. nicht entgehen: man braucht eben bloß bei jedem Sprachzweig von hypothetischen Wortpräparaten und Ururformen auszugehen, die tunlichst aus einem Konsonanten und einem irrationalen Vokal bestehen und eine ganz verschwommene, farblose Ururbedeutung besitzen, dann gelingt es schon mit Hilfe etlicher Ururgesetze den Nachweis zu führen, daß das alte Testament eigentlich doch recht hat und alle Sprachen des Erdballs vom Semitischen stammen oder wenigstens mit ihm verwandt sind!

4. Wenn etwas mit Recht bei Ablautsuntersuchungen mißtrauisch gemacht hat, so war es der eben schon berührte Ansatz höchst bedenklicher, hypothetischer 'Wurzeln' oder 'Basen'; ich habe bereits in meinen 'Reimwortbildungen' wiederholt Gelegenheit genommen, meine Zweifel an manchen modernen Basenansätzen auszusprechen. Insbesondere ist das Verfahren bedenklich, bei lautlich schwierigen Wörtern eine gemeinsame 'Koppelform' zu erschließen, aus der bald die eine, bald die andere der historisch vorliegenden Formen, natürlich unter unklaren Bedingungen, hervorgegangen sein soll: dadurch wird schließlich eine Schwierigkeit bei historisch vorliegenden Formen nur in eine ganz unkontrollierbare Vorzeit hinaufgeschoben und zurückverlegt, aber keineswegs erklärt. Ich freue mich sehr, daß Hirt IF. 32, 313 jetzt selbst vor dem Erschließen allzu umfangreicher, vorindogermanischer Formen warnt.

5. Wer sich aber vor solchen hypothetischen Basenansätzen hütet, der kann genau mit derselben Methode über Ablautprobleme arbeiten, wie über irgend eine andere Frage der idg. Grammatik, und jene oben gekennzeichneten Zweifel und Bedenken über die Möglichkeit einer objektiven Ablauterforschung sind nicht nur sehr übertrieben, sondern vor allem auch — unfruchtbar, höchst unfruchtbar! Selbst wer es möchte, kommt gar nicht um die Notwendigkeit herum, sich mit dem 'Ablaut' und dem idg. Vokalismus auseinanderzusetzen, sobald er sich mit der Lautlehre irgend einer einzelnen idg. Sprache, z. B. des Latein, beschäftigen muß. Denn nur zu oft muß der Philologe feststellen, daß eine 'Ausnahme' vom Standpunkt der von ihm gepflegten Einzelsprache nicht zu erklären sei: also ist damit dem 'Sprachvergleicher' die Aufgabe gestellt, ob vielleicht durch das Nebeneinanderstellen der verschiedenen idg. Sprachen und ihres Vokalismus die Frage gefördert werden kann. Trotz mancher neueren Bestrebungen, die 'vergleichende' Grammatik der idg. Sprachen in lauter historische Einzelgrammatiken aufzulösen, ist meiner Überzeugung nach das viel gescholtene 'Vergleichen' auch heute noch die erste und wichtigste — wenn auch nicht die einzige — Aufgabe des Indogermanisten! Bei syntaktischen Problemen ist es viel eher möglich, anstelle der vergleichenden die einzelsprachlich-historische Betrachtungsweise eintreten zu lassen, aber bei Fragen der Laut- und Flexionslehre in den jeweils ältesten idg. Sprachperioden kommt man nun einmal um das vergleichende Betrachten der entsprechenden Wortform in den Schwestersprachen nicht herum. Dabei handelt es sich keineswegs darum, eine phantastische 'Ursprache' zu rekonstruieren, von der kein Mensch weiß, wo und wann und von wem sie gesprochen wurde, sondern es gilt lediglich, sonst unerklärbare Tatsachen der Einzelsprachen wissenschaftlich verstehen zu suchen. Daß aber eine solche Untersuchung nicht streng objektiv geführt werden könne, dagegen glaube ich nachdrücklichen Widerspruch erheben zu müssen: wer das zu behaupten wagt, der müßte überhaupt der ganzen Methode der vergleichenden Sprachwissenschaft ihren streng wissenschaftlichen Charakter absprechen! In diesem Sinne bestreite ich entschieden PEDERSENS Behauptung (KZ. 38, 398), die Ablautlehre sei ein rein glottogonisches Problem. (s. auch Verf. IF. 37, § 14).

6. Einverstanden dagegen bin ich mit seinem Grundsatz, jede Ablautuntersuchung habe ohne Rücksicht auf 'Theorien' zu geschehen, und es läßt sich in der Tat nicht leugnen, daß HIRT in seinem Ablautbuch etwas zuviel Wert auf die Hypothese an sich gelegt hat. Gewiß ist mit bloßen Stellenmagazinen

und Stoffsammlungen, die schließlich jeder bei 'genügendem Sitzfleisch' machen kann (HIRT IFA. 30, S. 8), der wahren Wissenschaft herzlich wenig gedient, und insofern ist wirklich das Material 'nur Mittel zum Zweck, nicht dieser selbst' (Ablaut S. V). Aber man muß dabei doch lediglich von der Beobachtung der einzelsprachlichen, historisch gegebenen Tatsachen und ihrer Vergleichung ausgehen, nicht von einer vorgefaßten Theorie und Hypothese, in deren im Voraus fertiggestellte Form passendes Material eingegossen wird. Sehr richtig bemerkt BRUGMANN Grdr. 3², 1, 437, § 362: 'Man hat hier, wie überall, nicht von einer fertigen Ablauttheorie auszugehen, die sich nach Bedarf so oder so wenden und anwenden läßt, sondern von den in den Einzelsprachen gegebenen Tatsachen'.

7. Ehe ich in den folgenden Untersuchungen mich zu dem eigentlichen Gegenstand meiner Studien, nämlich den Schicksalen reduzierter Vokale in den indogermanischen Sprachen, wenden kann, muß ich mich erst mit PEDERSENS Behauptung auseinandersetzen, der Ansatz des Schwa indogermanicum sei unnötig, und das Auftreten des i sei in den betreffenden Fällen des Indoiranischen lediglich an bestimmte kombinatorische Bedingungen geknüpft. Um es gleich zu sagen, ich halte diese Lehre für falsch, und so gilt es zunächst durch die Beseitigung dieses Irrtums für weitere Untersuchungen freie Bahn zu schaffen.

8. PEDERSEN behauptet zunächst, ai. a = europ. a und andrerseits ai. i = europ. a kämen niemals unter denselben Sonderbedingungen vor. So lasse sich ar. i = europ. a im Wortanlaut 'auch nicht mit einem einzigen Beispiel' belegen. Auch noch IF. 22, 349 betont er, es sei nicht nachgewiesen, daß anlautendes schwundstufiges a (n) im Arischen anders als vollstufiges a behandelt wird.

Darauf ist zunächst zu entgegnen, daß Schwächungen im absoluten Wortanlaut nicht gerade häufig sein werden; trotzdem aber ist, wie auch schon BARTHOLOMAE aaO. 627 bemerkt hat, einiges Material vorhanden, das PEDERSEN wenigstens anderswie zu erklären hätte versuchen sollen: mit einfachem Unterdrücken und Totschweigen dieser Beispiele ist jedenfalls wenig gewonnen. Oder wie sollte man beim Standpunkt PEDERSENS etwa *ipsati* deuten? Man erklärt dieses Desiderativ allgemein aus *i + ṿp-sa-[1]), wobei ṿp- die Tiefstufe zur Normalstufe āp- in āpnóti bildet. Da PEDERSEN die Unmöglichkeit betont, altes, idg. a und das Kürzungsprodukt aus einstigen Längen noch auseinanderzuhalten, so sollte man doch *i + apsati > *yapsati oder etwas Ähnliches erwarten, wenn eben seine Annahme richtig wäre. Genau dasselbe trifft für die Fälle íkṣate und aw. īžā- zu (s. Verf. IF. 30, 110 ff).

9. Was sollen wir ferner mit ai. dvīpá- m. und n. 'Insel' anfangen, das sicher aus *dvi + ipa-, *dṷi-ṿpo- zusammengesetzt ist und als zweites Kompositionsglied die Schwächung von ā́paḥ f. pl. 'Wasser' enthält; ähnlich aw. dvaēpa- aus *dṷa(i)-ipa-? Und was sollen wir weiterhin mit ai. íhate 'erstrebt', aw. izyeiti ds. machen, die zweifellos zu aw. āzi- 'Gier', -āžu- 'Streben' gehören? s. BARTHOLOMAE IF. 5, 215 f.: ein gemeinarisches Beispiel! Ich denke, diese Fälle sind gewichtig genug, um die Unhaltbarkeit der Behauptung, i = europ. a begegne niemals im Anfang arischer Worte, zu erweisen. Dabei soll auch bemerkt sein, daß PEDERSEN KZ. 36, 77 selbst feststellt, ar. a = europ. a sei nach y (d. i. i̯) belegt, aber kein ar. i = europ. a sei in dieser Stellung bezeugt; doch er müßte dann *dṷi-ap- oder *i̯-ap-sati als alte Formen ansehen. Auf manches minder Sichere, wie etwa ai. Índra-, das man mit gr. ἀνήρ, ἀνδρός hatte vergleichen wollen, oder wie íbhaḥ 'Elefant', das manche mit gr. ἐλ-έφας verbinden wollten[2]), lohnt es sich gar nicht, weiter einzugehen; auch ai. íriṇa- 'Bruchland' oder irasyá- 'Übelwollen' müssen beiseite bleiben, weil i hier vor r, also in ganz besonderer Stellung, erscheint. Bei ai. (gāth.) istrī, pāli itthī gegenüber ai. strī́- 'Weib' ist die Möglichkeit rein lautlicher, dialektischer Entwicklung des i nicht ausgeschlossen.

10. Die Lautgruppe i̯ṿ wandelte sich, wie meistens angenommen wird, im Arischen zu i̯i̯, woraus weiter historisches ī entstand, vgl. etwa ai. jyā- 'bedrücken': jīyate, jitá-, pyā-'schwellen': pīná- usw., s. HÜBSCHMANN Vokalsyst. 36 f. PEDERSEN gibt einerseits zu, daß europ. a nach y belegt ist, behauptet andrerseits, ar. a aus idg. a, e, o und ar. a aus idg. ṿ seien

---

[1]) Statt des eben üblichen ə sehe ich mich genötigt ṿ anzusetzen, s. die Bemerkungen im Vorwort.

[2]) Das Wort ist auch im Semitischen und namentlich im Ägyptischen vorhanden; vgl. kopt. ἐβου 'Elefant' und besonders äg. ìbh '(Elefanten)zahn', SCHRADER Reallex. 180, ERMAN, Ägypt. Gr.[2] 210.

völlig untrennbar zusammengefallen. Sollte es aber dann von seinem Standpunkt nicht vielmehr *pyănā*- statt *pīnā*- oder *jyătā*- statt *jītā*- heißen, da aus *y* + *a* (der Schwächung der Länge in *jyā*-, *pyā*-) nichts anderes als eben *ya* entstanden sein kann? Wie erklärt PEDERSEN die tatsächlich vorliegenden Formen *pīnā*-, *jītā*- usw.? Daß es sich um junge Umbildungen nach Formen von schweren Basen auf -*ā* ohne vorhergehendes *i̯*, etwa wie *mā*- 'messen': *mitā*-, *dhā*- 'setzen': *hitā*- usw. handele, läßt sich nicht mit Grund behaupten. Denn einmal steht es schlimm mit einem Lautwandel, für den man nur Ausnahmen anführen kann, zweitens aber unterscheidet eben die Länge solcher Formen wie *pīnā*-, *jītā*- von vornherein scharf von kurzvokalischen Bildungen wie *hitā*-, *mitā*-. Sobald man aber behaupten wollte, dieses· *i̯ă* (aus idg. *i̯v*) sei zu *ī* geworden, dann räumt man eben ein, daß es im Arischen zwei verschiedene Gruppen von *a*-Vokalen gegeben hat, da ja altes arisches *a* (= idg. *a*, *e*, *o*) nach *y* erhalten ist.

11. Auch nach *v* soll es kein Beispiel für ar. *i* = idg. *v* geben, wie PEDERSEN behauptet; allein selbst wenn wir Fälle wie *dhavitum* zu *dhūnóti* 'schüttelt', *pavitum* zu *punắti* 'reinigt', beiseite lassen, weil man -*i*- hier als 'Bindevokal' empfunden haben kann, so lasse ich mir doch die Gleichung gr. κρέας = ai. *kravíh* nicht mit dem Hinweis darauf rauben, daß einige die Formen falsch erklärt haben. Wenn man nämlich wegen *kravyam*, lit. *kraũjas* angenommen hat, das *i* in ai. *kravíh* könne altes *i* sein (DANIELSSON Gramm. u. etym. Stud. I, 50 f.), so verlangt man dann billigerweise eine Erklärung des ganz isolierten α von κρέας, das als altes Wort besondere Beweiskraft hat, s. auch BRUGMANN Grdr. 2², 1, 532 f.; 2², 2, 149.

HIRT Ablaut 148 hatte gegen PEDERSEN das Nebeneinander von *tavắh* 'stark' gegen *taviṣ-áh* ds., *távis̬-ī* 'Kraft' und *túvis̬-mān* 'stark', superl. *tuvís̬-t̬amah̬* angeführt, wie ich meine, mit vollem Recht. Dieser aber 'sieht nicht', daß dieser Fall mit seiner Lehre nicht stimmt, da hier neben -*iṣ*-Formen auch -*as*-Formen von einer 'durchaus lebendigen Wurzel' begegneten (KZ. 38, 401). Diese Art, Dinge, die einem nicht in den Kram passen, loszuwerden, dürfte aber meiner Ansicht nach der neuen Lehre kaum Freunde verschaffen. Oder hat nicht PEDERSEN selbst einen jedenfalls viel fraglicheren Ablaut -*i̯ē̆*-: -*ā*- konstruieren wollen (aaO. 404)?

12. Weiter wird behauptet, 'daß einem gr.-ital.-kelt. *a* im Arischen hinter *-gh-* ein *-i-* entsprechen kann': das Beweisstück ist natürlich ai. *duhitár-*: gr. θυγάτηρ; 'da aber keine Belege für ar. *a* = gr.-ital.-kelt. *a* in derselben Stellung beigebracht sind, ist die Sache unbedenklich: es kann die Media (und Tenuis?) aspirata einen anderen Einfluß ausgeübt haben als die reine Media und Tenuis'.

Bei dem geringen Material dürfte man schon gleich bei der Lektüre dieses Satzes ohne nähere Prüfung dem auf ein einziges Beispiel aufgebauten 'Lautgesetz' wenig Vertrauen entgegenbringen, und ich kann Hirt sehr gut verstehen, wenn er diese Art von Lautgesetzen kurz und bündig mit einem ungeschriebenen Ausrufezeichen abtut (Ablaut S. 148). Gerade 'ungereimt' ist die Vermutung nicht (Pedersen KZ. 38, 401), aber bei der dürftigen Begründung bedarf sie auch keiner weiteren Widerlegung.

Pedersen muß übrigens sein Lautgesetz noch viel mehr einschränken: denn die Gleichung ai. *haṃsá-*: lat. *anser*, gr. χήν, mir. *géis*, germ. *gans*, lit. *žąsìs*, aksl. *gąsъ* würde beweisen, daß *ĝh* anders behandelt wurde als *gh*: das kann freilich an sich auch möglich sein.

13. Allein ich halte es nicht für zutreffend, daß ar. *a* = idg. *a* nach *gh* nicht bezeugt sei. Denn ai. *gábhastiḥ* 'Vorderarm' ist auf idg. **ghabh-* zurückzuführen, mag man es nun mit lat. *habeo* und Verwandten (Uhlenbeck et. Wbsv.) oder, wofür ich mich lieber entscheiden möchte, vielmehr mit lat. *gabalus*, kelt. *gabul*, ahd. *gabala* usw. zusammenstellen (s. Walde et. Wb² 333f., Berneker slav. Wb. 287): Das Germanische weist auf idg. *gh-*.

Auch ai. *gádhyah* 'festzuhalten' kommt hier in Betracht, das Walde aaO. 362 mit Recht mit lett. *gāds* 'Habe, Vorrat', mir. *gataim* (aus **ghadh-no-*) 'nehme weg, erbeute, stehle' verbindet. Für die Tenuis aspirata verweise ich auf ai. *khalī́nam*: gr. χαλῑνός, da man an Entlehnung nicht zu glauben braucht (Wackernagel Ai. Gr. 115). Wenn kein *i = ν* nach *k* begegnet, so muß doch bedacht werden, daß sich hier *k* zum Palatalen wandelte[1].

Somit ist die an sich schon sehr schlecht gestützte Behauptung, nach *gh-* im Gegensatze zu *ĝh, g, k* begegne kein *a* = idg. *a*, als unrichtig abzuweisen.

---

[1] Wenn auch wohl erst auf dem Wege der Analogie.

14. PEDERSEN macht ferner geltend, ar. *a* = europ. *a* komme in geschlossener Silbe vor Sonorlaut + Verschlußlaut oder *s* vor. Auch hier kann ich seiner Behauptung nicht zustimmen. Denn mit *i* vor *r* hat es im Arischen seine besondere Bewandtnis (idg. *ŗr*, bzw. *ər*), dazu wechselt im Sanskrit *ir* + Vokal mit *īr* + Konsonanz z. B. *śíraḥ* : *śīrṣám* : gr. κάρανον oder ai. *íryaḥ* : ἔρις, aber *íṛṣyati* (: *irasyáti*) usw. Der letzte Fall weist allerdings keinen Verschlußlaut an kritischer Stelle auf, aber immerhin einen Konsonanten, wie im Falle *asinvá*-, auf dessen Widerlegung PEDERSEN a. a. O. S. 78 recht viel Mühe verwendet. Auch *śímyati* : *śamyati* ist solcher Art; unter Voraussetzung der oben gegebenen einzelsprachlichen Regel dürfen wir auch ai. *írmáḥ* : np. *arm*, lat. *armus* usw., *kīrtíḥ* 'Kunde' zu *cárkarti*, *kalmaṣa*- 'Fleck', das wohl mit *kirmiráḥ* 'bunt' verwandt ist, *jūrṇáḥ* 'morsch' : *járati*, *tīrthám* 'Furt' : *tárati* 'setzt über', *'dīrgháḥ* 'lang' : gr. δολιχός u. ä. anführen : *i* vor *r* + Konsonant ist meistens gedehnt worden, einerlei wessen Herkunft es war.

15. Für Beispiele mit *ņ* vor Nasal erinnere ich an *timiráḥ* 'finster' zu *támaḥ* n. 'Dunkel'[1]), vgl. besonders *tim'ráḥ* : *tamráḥ* 'verdunkelnd', s. auch PERSSON Beitr. 145* und unten S. 15. Auch *mindá* 'körperlicher Mangel' = lat. *menda* besaß *i* = idg. *ņ*, wenn man auch das ähnlich klingende *nindá* 'Schmähung, Verachtung' nicht übersehen darf (WACKERNAGEL AiGr. 1, 18). Bei näherem Zuschauen gehen die Bedeutungen doch auseinander, weshalb ich diesen Fall als gar zu zweifelhaft nicht in meine 'Reimwortbildungen' aufgenommen habe. Wenn aber eine gegenseitige Beeinflussung angenommen werden müßte, dann würde ich nur folgern, daß wegen lat. *menda mindá* die ältere, vorbildliche Form gewesen ist, die ja auch im Indischen ganz allein dasteht; zu diesem aus idg. Zeit ererbten, aber im Sanskrit selbst völlig isoliert dastehenden Worte kann zu dem bekannten Verbum *níndati* 'tadelt' auch *nindá* 'Tadel' neben ursprünglicherem *nidá*- dss. gebildet worden sein; freilich steht der Annahme nichts entgegen, *nindá*- sei eine durchaus selbständig erwachsene Bildung, da nämlich in die alte Substantivableitung zu *níndati*, also in *nídā*, *nidá*, der Nasal des Verbums leicht Eingang gefunden haben kann. Vielleicht wirkte beides

---

1) 'Sekundärer' Ablaut *i* : *a* (s. u. § 22).

zusammen, aber jedenfalls hat *nindá* erstens *nídā-, nidá-, níd-*
'Schmähung' und zweitens das Verbum *níndati* zur Seite, und
wir sehen schon an den Nebenformen die Unursprünglichkeit
von *nindá*. Die umgekehrte Annahme, vielmehr *mindá*, etwa
aus älterem **mandá*, sei nach *nindá* umgebildet, ist nur deswegen vertreten worden, weil man das *i* als altes *v* in einem
Worte aus einer offenbar 'leichten Reihe' (lat. *menda*) bean-
standete. Daß dies keineswegs durchschlagend ist, werden wir
bald sehen: wenn es aber möglich ist, ai. *mindá* mit lat. *menda*
engstens zu verbinden, so muß bei Worten, die sogar die Dekli-
nationsklasse teilen, die Vergleichung und Annahme lautgesetz-
licher Entwicklung vor einer Erklärung durch Analogiewirkung
den Vorzug erhalten.

Auch *śimbah* 'Hülse, Schote, Hülsenfrucht' und *śambuh*
'Muschel' gehören zweifellos enge zusammen.

PEDERSENS Annahme liegen also auch hier eine Menge
von Belegen im Wege.

16. Wie rücksichtslos und gewaltsam PEDERSEN mit den
Tatsachen umgeht, um sie nach seinem Willen zurechtzubiegen,
ist mir bei keinem Fall deutlicher geworden als bei seiner
Behandlung von ai. *ámba* 'Mutter'. Es ist für mich selbst-
verständlich, daß dies ein Lallwort der Kinderstube, eine Art
Interjektion ist, und sehr richtig hat schon BARTHOLOMAE a. a. O.
bemerkt, ein Wort der Kindersprache tauge nicht als gram-
matisches Beweisstück. Gegen diese auch von BRUGMANN,
WACKERNAGEL, BECHTEL u. a. vertretene Ansicht weiß PEDERSEN
nichts anzuführen als den bezeichnenden Satz: "Mit dieser
Theorie dürfte jedoch kaum auszukommen sein" (KZ. 36, 79).
Als ob das eine 'Theorie' wäre! Es ist die einzig mögliche
Auffassung; man braucht nur die verwandten Formen mit
den charakteristischen Umbildungen im einzelnen zu über-
schauen, wie lit. *ambà* 'Amme', nhd. 'Amme', ahd. *amma*, gr.
ἀμμάς, mir. *amait*, lat. *amita, mamma*, gr. μάμμη: überall haben
wir als gemeinsames Element nur das *m* mit einem *a*-Vokal:
wenn der Säugling nach der Mutter und ihrer Nahrung verlangt, macht er mit dem Munde die Bewegung des Saugens; in
den artikulierten, gleichsam stilisierenden Sprachlauten der Er-
wachsenen entsteht dann ein Lallwort mit dem labialen Nasal.

Wenn PEDERSENS Urteil nicht von einer 'Theorie' beein-
trächtigt ist, dann weiß auch er, daß man bei 'bloßen Lall-

wörtern', wie ai. *tata-*, gr. τάτα, ai. *naná*, gr. νάννα, türk. *ata*
'Vater' usw., wie sie ja in allen Sprachen der Welt vorkommen,
(s. VON DER GABELENTZ, Sprachwissenschaft² 153), "für die historische Identität der einzelsprachlichen Formen keine Gewähr"
hat, wie er selbst wörtlich ein paar Seiten später sehr richtig
bemerkt (S. 83).

Bei *ámba* aber, dem so leicht verständlichen Erzeugnis
der stammelnden Säuglingszunge und vor allem der Säuglings-
lippen, soll nicht nur ein altes, idg. Wort vorliegen, sondern
es soll die einzige Spur einer sonst im Arischen verloren
gegangenen Kasusform sein, diese Kinderinterjektion — denn
der Vokativ ist ja gar kein eigentlicher Kasus — dieses Kinder-
lallwort wird ausgegeben als "vereinzelter Rest des ursprünglichen Verhältnisses"!

17. Den Angriff, den PEDERSEN seiner Theorie zuliebe
gegen die alte Gleichung: Nom.-Acc. Plur. neutr. gr. φέροντα
= ai. *bháranti* richten mußte, halte ich für ganz mißglückt;
er wärmt die veraltete Ansicht JOH. SCHMIDTS Pluralbild. 227 ff.
wieder auf und meint, -*i* sei im Sanskrit in diesem Kasus erst
angetreten. Allein hier muß man scheiden zwischen den verschiedenen Stammklassen, von denen leicht sekundäre Übertragung ausgehen konnte: nach konsonantischen Stämmen ohne
Suffix war *v* = gr. α, ai. *i* lautgesetzlich und konnte von da aus
verbreitet, sogar an fertige Plurale noch antreten; PEDERSEN meint
zwar, bei dem wesentlich indischen Auftreten des -*i* sei diese
Annahme nicht erlaubt, ein sehr zweifelhafter Grund, wie schon
ein Blick auf die Lokativformen *udán, udáni* zeigt.

Aber auch methodisch hat m. A. nach die lautgesetzlich mögliche Vergleichung zweier Sprachformen stets
den Vorzug vor anderen Möglichkeiten; dieser Grundsatz
sollte doch ohne Ausnahme befolgt werden! Statt hier φέροντα
und *bháranti*, Formen, die Laut für Laut stimmen und den
beiden am frühesten bezeugten idg. Sprachen angehören, zu
identifizieren, sollen wir mit "unursprünglichen Anhängseln"
operieren. Wenn wir dagegen mit BRUGMANN Grdr. 2², 231 ff.
und vielen anderen Gelehrten in diesen Formen ai. -*i* = gr. -α
setzen, haben wir ferner idg. *v* als Tiefstufe zu dem -*ā* in idg.
*iugā 'Gejöche', dann plur. 'Joche' (lat. *iuga*, gr. ζυγά usw.) voll-
ständig erklärt, von dem weiteren Vorteil, das -*ī* und -*ū* der
entsprechenden Kasus bei *i*- und *u*-Stämmen aus -*i* + *v*, -*u* + *v*

verstehen zu können, ganz zu schweigen. Also auf der einen
Seite eine methodisch unanfechtbare, sicher verankerte Erklärung, auf der anderen Seite die rein tatsächliche, äußerliche
Feststellung, daß ein unklarer Vokal aus einem unklaren Grunde
angehängt worden sei!

Man hat übrigens den Eindruck, als sei es PEDERSEN mit
diesem Hervorzerren jener verstaubten SCHMIDT'schen Hypothese,
die er früher selbst verworfen hatte, selbst nicht so recht geheuer; wenigstens macht er die Bemerkung, das -*i* könne in den
verschiedenen Deklinationsklassen verschiedenen Ursprungs sein.

18. Auch die methodisch allein gebotene Gleichsetzung
von gr. -μεθα mit der ai. Verbalendung -*mahi*, der Pluralendung
1. Pers. Med., lasse ich mir keineswegs mit so billigen Mitteln
bestreiten, wie sie PEDERSEN a. a. O. 80 vorbringt: wieder haben
wir in den beiden ehrwürdigsten idg. Sprachen eine tadellose
Gleichung, lautlich und funktionell sind beide Endungen so über-
einstimmend, daß es schon recht triftige Gründe sein müßten,
uns ihre Identität zu leugnen. Daß nämlich -μεθα sowohl
Primär- als Sekundärendung ist, kann bei der Häufigkeit solcher
Verschiebungen gar nicht in Betracht kommen.

Wenn ich auch gerne zugebe, daß man an sich ai. -*mahi*
sekundär aus -*mahe* erklären könnte — wenn eben gr. -μεθα
nicht vorhanden wäre —, so müßte natürlich -*mahe* selbst erst
klar gedeutet sein; aber weder ai. -*mahe* noch gr. -μεθα sind
an sich allein verständlich. Das wäre mir aber eine seltsame
Methode der 'vergleichenden' Grammatik, zwei Wortgebilde aus-
einanderzureißen, die in jeder Weise gleich sind, ohne dann
diese Gebilde einzeln im mindesten erklären zu können.

PEDERSEN meint, das symmetrische Bild der ai. Flexions-
endungen sei wegen dieser regelmäßigen Entsprechung und
Gliederung nicht sehr alt; darin pflichte ich ihm durchaus bei,
s. auch Reimwortbildungen S. 187. Wenn also eine der Endungen -*mahi* und -*mahe* unursprünglich ist, so kann es jedenfalls nicht -*mahi* gewesen sein, weil gr. -μεθα genau entspricht,
sondern nur -*mahe*; und die Annahme, nach der Doppelheit
-*si* : -*se*, -*ti* : -*te* sei zu -*mahi* die Medialendung -*mahe* gebildet
worden, wäre die einzig gebotene.

19. Endlich gibt es trotz alledem noch eine größere Anzahl von Wörtern, bei denen ar. *a* = europ. *a* im Wortinnern
begegnet, ohne daß *y, v, k* vorhergeht oder *y* folgt, die PEDERSENS

Regel widersprechen. Er sucht sie alle mit mehr oder weniger Energie hinwegzuschaffen und als Analogiebildungen zu erweisen, ohne daß er damit viel Glauben finden dürfte. So haben wir z. B. die Gleichung ai. (gramm.) *gras-ati* : gr. γράω. Nach PEDERSENS angeblichem Gesetz sollte es aber **griṣ-ati* lauten; er rechnet tatsächlich mit dieser Form und meint, der Ablaut *-ā-* : *-i-* sei öfters zu *-ā-* : *-a-* ausgeglichen worden. Aber *gras-* ist doch eine leichte Basis, und das Subst. *grāsaḥ* 'Bissen' = aisl. *krás* enthält Dehnstufe, keine Normalstufe; gerade bei *a*-Stämmen findet sich im Sanskrit oft Dehnstufe, s. HIRT IF. 32, 307 ff. und Verf. Reimwortbildungen S. 13 f.

20. Ähnlich steht es auch mit den anderen Beispielen, es heißt ai. *bhájati* 'teilt zu', aw. *bažaiti*, aksl. *bogatъ*, niemals **bhijati*, es heißt aw. *masyá̃* 'der größere', *masṓ* 'die Länge', nie **misyá̃*, **misṓ*; wer sollte glauben, eine solche Form mit verschiedenem Vokal wie **misṓ* sei dann zu *masṓ* umgewandelt worden? Ein verwandtes Wort mit *a*-Vokalismus liegt ja nicht vor.

So richtig an sich also die Annahme ist, daß bei Wörtern mit einem Wechsel von *ā* : *i* in der Stammsilbe eine Annäherung in das Verhältnis *ā* : *a* eingetreten sein kann, so versagt in den von PEDERSEN dafür angenommenen Beispielen diese Erklärung ganz. So ist z. B. *saddhi-*, *sadhnoti* zu *sádhati* 'kommt zum Ziel' in dieser Weise ausgeglichen, allein *sidhyati*, zum selbständigen Verbum ausgewachsen, widerstrebt wieder seiner Regel (vgl. auch *siddhi-*).

21. Für den Rest, der trotz aller Bemühungen noch bleibt, glaubt PEDERSEN mit der Annahme auszukommen, betontes Schwa habe sich zu *á* gewandelt, oder wie er natürlich dieses von DE SAUSSURE Mem. 117, BECHTEL Hauptprobl. 253 und WACKERNAGEL Ai. Gr. 1, 17 ff. vertretene Gesetz formulieren muß, der Ton habe stets den Übergang in *i* verhindert.

Diese Regel ist aber nicht richtig; ich stehe hier ganz auf dem Standpunkt BARTHOLOMAES ZDMG. 50, 674 ff. und BRUGMANNS Gr. 1², 173, die mit Recht darauf hinweisen, daß *-i-* auch unter dem Ton begegnet, und die verzweifelten Versuche PEDERSENS, auch dieses Hindernis zu beseitigen, scheinen mir nicht gelungen. So soll ai. *sthítiḥ* 'das Stehen' anstelle des bei seinem Standpunkt zu erwartenden **sthátiḥ* sein *i* von *sthitáḥ* P. Pf. P. bezogen haben; indessen ist es nicht glaubhaft, daß **sthátiḥ*

engere Beziehungen zum Part. Pf. Pass. als zu den zahlreichen
Verbalformen des Stammes *sthā-* mit *-ă-* in der Wurzelsilbe
hätte haben sollen. Auch **dati-* zur Basis *dā-* 'geben' hätte
sich doch zweifellos erhalten, wo hier ein Part. Pf. Pass. mit
-i- gar nicht vorhanden ist, und wo im Gegenteil alte Schwa-
formen wie *dátram a* nach den anderen Verbalformen eingeführt haben; aber es heißt *dítih* 'Gabe, Verteilen'. —
sắdhati, sắdhnóti und *sídhyati* sind zwei selbständig ge-
wordene Verba eines einst einheitlichen Paradigmas, wobei
sādh- und *sidh-* die bei dem Tonwechsel entstandenen Ablauts-
varietäten der schweren Basis darstellen. Pedersen aber mutet
uns zu, ihm zu glauben, nur vom Part. Perf. Pass. *siddhá-* aus
sei das ganze Praesenssystem von *sídhyati* entstanden. —
Daß *arítra-* 'Ruder' (= gr. ἄροτρον) sein *-i-* von *aritár-*
'Ruderer' habe, ist ebenfalls nicht wahrscheinlich zu machen. —
sinam 'Lohn' zu *sanóti* 'erwirbt, gewinnt' (vgl. part. *sātáh, sātíh*)
soll keine Beweiskraft haben, es "ließe sich hier Ausgleichung
annehmen" (S. 85). Leider wird nicht verraten, wie diese Ausgleichung hätte vor sich gehen sollen; ich sollte meinen, nach
sánati, sanóti hätte *sínam* zwar zu **sánam* leicht verwandelt
werden können, daß aber ursprüngliches **sánam* trotz *sanóti* zu
sínam geworden sein soll und dadurch erst sekundär die Vokal-
differenz in der Wurzelsilbe des Nomens und zugehörigen Verbums entstanden wäre, halte ich für ganz unwahrscheinlich,
so lange man mir nicht das Muster und Vorbild für diese Umbildung nachweisen kann. Auch finde ich es etwas viel vom
Leser verlangt, wenn wir hier den Wandel *a > i* annehmen
sollen, wo wir oben erst umgekehrt *i > a* sich hatten wandeln
sehen in den Beispielen *bhájati* aus **bhíjati, grásati* aus **grişati*:
wir werden also von beiden Annahmen Pedersens uns nicht
überzeugen lassen. —

22. Vielleicht erregt es manchem Bedenken, daß wir bei
den erwähnten Fällen für ind. *-i-* aus idg. *-ʋ-* ohne weiteres
auch solche Formen anführten, die den sog. 'leichten' Reihen
angehören; man wird sagen, *ʋ* könne hier gar nicht vorkommen,
weil die 'ĕ-Reihe' keine ursprünglichen Längen gehabt habe. Schon
Bartholomae hat BB. 17, 108 ff. angenommen, auch in 'leichten
Reihen' komme *-ʋ-* vor, und das von ihm beigebrachte Material
ist zum größten Teile durchaus richtig; daß in solchen Fällen
i = ʋ ist, läßt sich in der Tat kaum bestreiten: verfehlt ist

nur der Versuch gewesen, *v* als unmittelbare Schwächung
von *e, o, a* nachzuweisen. Nun hat van Blankenstein in seinen
'Untersuchungen' an gutem Material gezeigt, daß mit alten
Längen auch in der sog. *ĕ*-Reihe sicherlich zu rechnen ist.
Wenn aber in den leichten Reihen ursprünglich
(d. h. vor der großen Vokalschwächung) Längen vorhanden waren, dann ist es nur selbstverständlich, daß
auch Reduktionsvokale zu alten Längen, d. i. also
Schwa, in leichten Reihen gelegentlich erscheinen
kann. Die Einteilung in 'leichte' und 'schwere' Reihen läßt sich eben überhaupt nicht streng durch-
führen, s. Verf. IF. 37, § 21, S. 14.
Es ist also keineswegs nötig, hier nur von 'sekundärem
Ablaut', d. h. von jüngeren Analogiebildungen zu sprechen, wie
es z. B. Persson Beitr. 144 f. tut: sondern dieses Ergebnis
stimmt vorzüglich zu van Blankensteins Resultaten, beides stützt
sich gegenseitig: er wies darauf hin, daß in der *ĕ*-Reihe alte
Längen vorkamen, wir sehen, daß in der *ĕ*-Reihe auch *v*, d. i.
Reduktionen alter Längen erscheinen.

23. Solche Fälle sind: *támah* n. 'Finsternis', *támisrā* f. dass.
usw. gegen *timiráḥ* 'dunkel, finster'. Daß dieses *timiráḥ*, das
auch als neutrales Substantiv mit der Bedeutung 'Finsternis,
best. Augenkrankheit' begegnet, von (*s*)*timitaḥ* 'unbeweglich' be-
einflußt sei (Wackernagel, Ai. Gr. 1, 18), ist wegen der ganz
abliegenden Bedeutung nicht glaublich, was auch Persson Beitr.
145 A 2 hervorhebt. Daß wir es mit einer schweren Basis zu
tun haben, folgt nicht aus lat. *tēmētum* 'Wein, Met' usw., deren
Zugehörigkeit zu den engeren Verwandten von *támisrā, timiráḥ,
tamasáḥ*, nämlich zu air. *temel* 'Finsternis', ahd. *dinstar, demar*,
lit. *tamsà* 'Finsternis', *tamsùs* 'dunkel', *tìmsras* 'dunkelrot'
keineswegs sicher ist, s. Solmsen KZ. 34, 16. Es liegen hier
vielmehr Parallelformen vor; schon Reimwortb. 54 habe ich
gegen die vermutete Bedeutungsentwicklung von 'geistig um-
nachtet sein' zu 'trunken, berauscht sein' meine Bedenken
geäußert: somit trenne ich beide Wortsippen voneinander.
In lit. *tamsà* liegt ebenfalls *v* vor, weil bei dem *s*-Stamm
kaum *o*-Abtönung zu vermuten ist (s. Persson a. a. O.). Auch
tamsùs wird *v* enthalten. Indessen sind die *i*-Vokale in der
Stammsilbe von lit. *tìmsras* und aksl. *tьma* 'Finsternis' gegen
lit. *témti*, lat. *tenebrae* usw. aus idg. *ə* zu erklären (s. u. § 115).

simáḥ 'er selbst, er seinerseits' (GELDNER Ved. Stud. 2, 188 ff.,
OLDENBERG Noten I, 94 f.) kann nur zu *samáḥ* 'gleich, derselbe'
gehören und weiterhin natürlich zu got. *sama* 'derselbe' usw.
Die Länge erscheint von dem unzuverlässigen aw. *hāma-* neben
hama- 'gleich' abgesehen, in aksl. *samъ* 'ipse, solus' und in dem
wohl zugehörigen ags. *ʒesóme* 'einträchtig', s. J. SCHMIDT KZ. 32,
372, PERSSON Beitr. 144; daß aber auch idg. **sēmi-* 'halb' in
lat. *sēmi*, ai. *sāmí-*, gr. ἡμι- usw. hierhergehören soll, wie PERSSON
meint ("zu gleichem Teil"?), erscheint mir doch recht fraglich.

24. Ein gutes Beispiel ist auch der Gegensatz von *śámī*
'Fleiß, Bemühung, Werk' neben gleichbedeutendem *śimī*, *śimī-
vant-* 'regsam', die zweifellos zu *śamati* gehören. Der Versuch
WACKERNAGELS Ai. Gr. 1, 18, hier, wie in anderen Fällen von *v*
in 'leichten' Reihen, mit Annahme von Analogiebildungen sich
durchzuhelfen, hat für mich nichts Überzeugendes und ist, wie
mir scheinen will, nur der vorgefaßten Meinung wegen unternommen worden, *v* könne in solchen Fällen — theoretisch
betrachtet — nicht erscheinen. Daß *śíma-* 'Zerleger, Zubereiter'
(Taitt. Saṃh. 5, 2, 12, 1) auf Vermischung mit *śamitár-* dss. beruht,
ist WACKERNAGEL sicher zuzugeben; der weiteren Annahme jedoch, nun sei auch 'verbales *śim-* neben *śam-* getreten und *śímī*
gehöre zu *śā-*, stehe ich ablehnend gegenüber: die Bedeutung
verwehrt eine solche Erklärung.

Daß ich auch an der Gleichung *mindá* = lat. *menda* festhalte, habe ich bereits oben § 15 betont, wo wir ferner auf
den beachtenswerten Gegensatz von *śambuh* 'Muschel' gegenüber
śimbah 'Schote, Hülse' aufmerksam machten (s. auch UHLEN-
BECK Ai. Wb. 310).

25. Desgleichen ist nicht zu bestreiten, daß *śikváḥ*, *śikvā*,
śikvāḥ zu *śaknóti* gehören; insbesondere scheitert BERGAIGNES
Zusammenstellung dieser Bildungen mit aksl. *sěką* daran, daß
diese Sippe idg. *s-*, nicht *k̂-* besaß, wie schon UHLENBECK
ai. Wb. 309 mit Recht hervorhebt: man müßte also mindestens
eine spätere Einwirkung von *śaknóti* auf diese Bildungen annehmen. Dann aber wird man selbstverständlich die ohne
weiteres mögliche lautliche Verbindung mit diesem Verbum
vorziehen.

Dagegen vermag ich die an sich gewiß verlockende Zusammenstellung von *jihmá-* 'schräg, schief' mit δοχμός nicht
so zuversichtlich zu verteidigen wegen des recht schwierigen

Anlauts, dem man nur mit Annahme von Assimilation des *d* an das *jh* der nächsten Silbe beikommen kann (Uhlenbeck Ai. Wb. 101): immerhin müssen die beiden so gleichgebildeten und gleichbedeutenden Adjektiva etwas gemein haben: vielleicht hat ein Reimwort hier störend eingegriffen, das zur Sippe von *jināti* 'altert' oder *jivrih* 'gebrechlich' oder sonst eines bedeutungsverwandten Wortes gehört haben könnte.

26. Auch aus dem Iranischen dürfte einiges hierhergehören: das jaw. *hiδaiti* zu *had-* möchte ich nämlich wegen seines *i* hierherstellen. Die Qualität dieses *i* und überhaupt das Verhältnis von idg. **sed-* in lat. *sedeo* usw. zu der Stammgestaltung **sīd-* und **sid-* in den verschiedenen Sprachen ist ein recht schwieriges Problem. Was speziell aw. *hiδaiti* betrifft, so hat Bartholomae BB. 17, 117 in dem fraglichen *i* idg. Schwa gesehen, und diese Deutung halte ich für die richtige. Freilich scheint er Air. Wb. 1754 anderer Ansicht geworden zu sein: hier deutet er jaw. *hiδa-* als Kompositionsform zu ai. *sída-* und verweist auf das Gesetz, daß ein *ʋ* (oder *ī, ū*) einer Reduktionsstufe durch eine zweite Schwächung ausfällt (bzw. zu *i, u* gekürzt wird), wenn der Akzent sekundär verschoben wird, insbesondere in der Komposition (IF. 7, 107). Es scheint also dieser Deutung die Ansicht Brugmanns im Gr. 1² 504 zugrunde zu liegen, wo eine Hochstufe **sē(i)d-* erschlossen wird. Bei dieser Erklärung fragt man sich aber vergebens, wie diese Stammesgestalt **sēïd-* sich zu dem so häufigen **sed-* verhalte: die beiden „Basen" laufen nebeneinander her, ohne daß ihre — doch sichere — gegenseitige Verwandtschaft irgend zu bestimmen wäre. Daß bei diesen Wortsippen allerhand Ausgleichungen erfolgt sein mögen, ist ja an sich wahrscheinlich; doch empfiehlt es sich sicherlich, von einer einheitlichen Basengestalt auszugehen. Nun erweist umbr. *andersistu* und *sistu* 'considito' eine ital. Heischeform **sizd-*, die ohne weiteres auch lat. *sīdo* zugrunde liegen kann (s. Osthoff Prf. 4, Walde ² 695, Sommer Hdb.² 499, § 319 2; Brugmann Grdr. 3²a, 139, § 84, der demnach seine Ansicht jetzt geändert hat). Bei gr. ἵζω kommen wir zu keinem sicheren Schluß: es kann natürlich ebenfalls eine Fortsetzung von **si-zd-ō* sein; doch ist ἱδρύω sicher aus **sǝd-ruịo* herzuleiten, also kann ἵζω auch altes **sǝdịō* sein. Dieses *sǝd-* scheint auch russ. *sidětь* zugrunde zu liegen. Ai. *sídati* steht natürlich für **sízdati*; daß der Lingual zu *d* sich wandelte, ist eine so einfache Annahme, daß sie auch nicht dem mindesten Zweifel begegnet: denn nicht nur Formen von *sad-*, wie perf. *sasā́da,* Aor. *ásadat, asīṣadat,* Pass. *sadyate* und die Nominalableitungen, wie *sád, sada, -sádya* usw., sondern insbesondere die Perfektformen wie *sedúḥ, sedimá, sediré* usw., wo *sed-* natürlich aus **sazd-* entstanden ist, mußten das einst linguale *ḍ* in *sídati* durch die dentale Media ersetzen. In lit. *sédmi* liegt deutlich dehnstufiger Stamm vor[1]). Zur Basis *sed-* stellt sich also aw. *hiδaiti* mit *i* = *v*, nicht etwa aus **sǝd-* (WALDE a. a. O.), weil *ǝ* nach unserer Ansicht im Arischen durch *a* vertreten ist (s. u. § 132).

Eine Nominalform von derselben Basis liefert uns einen Beleg für Wechsel von *e/o* und *v* im Suffix : aw. ap. *hadiš* gegen ai. *sádaḥ*; daß das *i* in *hadiš* Schwa fortsetzt, ist für mich sicher; man mag, wie HIRT Abl. 200 es tut, von sog. *'exēi*-Basen' ausgehen und auf lat. *sedēre, sedíle* usw. verweisen, auch vgl. man ai. *róci-ḥ* : lat. *lucē-re:* jedenfalls liegt also im Arischen neben Ableitungen aus solch zweisilbiger *'exēi*-Basis' auch die Endung idg. *-os* in ai. *sádaḥ* : gr. ἕδος. Denselben Fall von wechselndem *e/o* und *v* im Suffix haben wir ja auch in ai. *mánaḥ,* aw. *manah-* 'Sinn' gegen *-iš* in ap. *Haxā-maniš,* und im Indischen in den schon genannten Formen, wie *taváḥ* gegen *túviṣmān, távisī* gegen *tuviṣṭamaḥ* oder in *támaḥ* gegen *támisrā, tamisram*; es genügt eben nicht, in solchen Fällen *i* aus *v* als Schwächung eines einstigen Vollvokals nachzuweisen, sondern man muß auch beachten, daß in derselben Endung bald *v*, bald *e/o* erscheint.

27. Schließlich möchte ich auch aw. *minu-* 'Halsgeschmeide' aus altem **mvnu-* erklären, da es nicht von *manaoθrī-* 'Nacken', ai. *mányā* dss., ir. *muin* dss. und lat. *monīle* 'Halsband, -kette', sowie den gleichbedeutenden Verwandten gall. μάννος, μαννάκιον, air. *muinde,* ahd. *menni,* aisl. *men,* ags. *mene,* aksl. *monisto* getrennt werden sollte, s. Verf. Sitzber. d. Hdbg. Ak. d. Wiss. 1914, 13, S. 23.

Diese Belege dürften zeigen, daß *v* auch in sog. 'leichten' Reihen erscheinen kann, zwar nicht als Schwächung von *e, o, a,* wohl aber aus alten Längen bei der Schwächung hervorgegangen, die eben auch der *ĕ-*Reihe nicht fehlten.

---

[1]) Auch apr. *sīdons* 'sitzend' enthält altes, idg. *ē* und ist enge mit lit. *sédmi, sédžiu sédéti* zu vereinen, s. BERNEKER Preuß. Spr. 133.

28. Die Untersuchung der Einzelheiten hat nach meiner Überzeugung mit Sicherheit ergeben, daß wir mit einem besonderen, von idg. *a* durchaus verschiedenen Vokal rechnen müssen, der im Arischen durch *i* vertreten ist, während er sonst mit idg. *a* sekundär zusammenfiel. Über die Natur dieses Lautes wissen wir nichts, als daß er meistens die Schwächung eines langen Vokals bildet: die genauere Aussprache aber läßt sich nicht mehr ermitteln. Er wird in diesem Buche mit *ɒ* bezeichnet werden.

II. Zum Wechsel von ε und *i* im Griechischen.

29. Die Annahme ist zur Zeit schon allgemein verbreitet, daß es abgesehen von diesem 'Schwa indogermanicum' (*ɒ* = ar. *i*, europ. *a*) noch einen oder vielleicht gar mehrere reduzierte Vokale im Indogermanischen gegeben habe, wenn auch im einzelnen die über diese schwierige Frage vorgetragenen Ansichten recht auseinandergehen. Statt weiterer Literatur nenne ich KRETSCHMER KZ. 31, 394, HIRT Abl. 9, Handb.[2] 105 ff., BRUGMANN KvglGr. 141, § 213 b, FORTUNATOV KZ. 36, 33, MIKKOLA IF. 16, 99, SOMMER Handb.[2] 54. Auch OSTHOFF MU. VI, 208 ff. möchte zwei reduzierte Schwalaute dem Idg. zuerkennen, ohne aber auf die Frage näher einzugehen. Es handelt sich dabei wesentlich um reduzierte Aussprachsformen der kurzen Vollvokale *e, a, o*. Bei BRUGMANN KvglGr. a. a. O. finden wir über diesen Punkt die Ansicht vertreten, daß infolge der Schwächung in schwachbetonten Silben *e* bei Geräuschlauten 'irgendwie reduziert' wurde. "Es fiel aber mit dem intakten *e* wieder zusammen. Z. B.: gr. πεπτός = uridg. *p_eq^uto-* 'coctus'; ai. *padás* lat. *pedis* Gen. Sg. = uridg. *$p_edés$*. Entsprechend hat man *a* z. B. für gr. -ακτός (zu ἄγω) und *o* z. B. für gr. ὀπτέον (zu ὄψομαι) anzusetzen. Diese Reduktionen sind also aus der Sprachüberlieferung an sich nicht nachzuweisen, sondern nur theoretisch angenommen"[1]).

30. Wenn es aber richtig wäre, daß der Ansatz dieser reduzierten Vokale nur rein theoretisch gefordert würde, ohne in dem vorliegenden Material wirkliche Anhaltspunkte zu finden, dann müßten wir sie nach dem methodischen Grundsatz, bei

---

[1]) Von mir gesperrt.

Ablautsforschungen alle Rücksichten auf Regelmäßigkeit des Systems außer acht zu lassen, ganz abstreiten. Doch glaube ich nicht, daß dem so ist, sondern wir wollen im folgenden untersuchen, ob sich diese reduzierten Vokale nicht bestimmt nachweisen lassen und damit erst eigentliche Berechtigung verdienen. Dabei setze ich statt HIRTS und BRUGMANNS $_{e\,a\,o}$, die typographisch nicht bequem sind, und statt FORTUNATOVS α das bequemere Zeichen ∂, das also hier einen aus *e, a, o* geschwächten, reduzierten Vokal bedeutet, dessen nähere Aussprache wir ebensowenig ermitteln können, wie bei jenem *ɒ*, dem Schwa indogermanicum. Dabei nehme ich zunächst einmal an, daß dieses *ɒ* von ∂ verschieden war; ob diese Trennung berechtigt ist, werden wir später erst noch näher zu untersuchen haben; denn an sich wäre es keineswegs verwunderlich, wenn solche reduzierten Vokale trotz ihres verschiedenen Ursprungs bald zusammengefallen wären und dann in den Einzelsprachen gemeinsames Geschick gehabt hätten: mit rein theoretischen Erwägungen ist auch hier nichts getan.

31. Es klingt zunächst ganz einleuchtend, wenn HIRT IF. 7, 154 f. und Abl. 15 nach dem Vorgang KRETSCHMERS KZ. 31, 375 den alten Wechsel von ε und ι in griechischen Wörtern, soweit er aus urgriechischer Zeit stammt und nicht erst dialektischer Art ist (s. SOLMSEN KZ. 33, 513 ff. und WACKERNAGEL IF. 25, 326 ff.), auf dieselbe Stufe stellt mit dem ähnlichen Nebeneinander von o und υ[1]). Bei näherem Zusehen stellt sich aber doch ein wesentlicher Unterschied zwischen diesen beiden Gruppen heraus: die Fälle, in denen im Griechischen o und υ wechseln, zeigen diese Alternation nur auf υ bei benachbarten Liquiden und Nasalen beschränkt (υρ, υλ, ρυ, λυ, νυ, υν), während ι neben ε in beliebiger konsonantischer Umgebung auftritt.

Schon OSTHOFF MU. VI, 212 ff. behauptete, nach Liquiden und Nasalen sei der reduzierte Vokal vielmehr α gewesen, und wir werden bald sehen, daß das richtig ist.

32. PEDERSEN KZ. 38, 417 dagegen meint, das neben *e* und *o* im Griechischen erscheinende ι und υ sei "evidenterweise von der idg. Alternationsstufe gänzlich unabhängig und nur von kombinatorischen Bedingungen abhängig, wie schon

---

[1]) Derselbe Irrtum findet sich auch bei PERSSON Beitr. 152.

ἵππος : skr. *áśvaḥ* mit idg. Vollstufe zeigt". Leider wird diese
so sicher vorgetragene Behauptung nicht auch durch einen
entsprechenden Nachweis dieser kombinatorischen Bedingungen
gestützt, sondern PEDERSEN enttäuscht seine Leser mit dem
folgenden Satze: "Es ist nicht meine Pflicht, die genauen
Regeln für das Auftreten des ι und υ im Griechischen zu ermitteln; für HIRT sprechen die Fälle nicht".

Wir unserseits haben daher auch nicht die Pflicht, uns
mit einer bloßen Behauptung abzugeben, und bemerken wegen
des Hinweises auf ἵππος bloß, daß auch bei *o*-Stämmen einst
Akzent- und daher auch Ablautsverschiedenheiten in demselben
Paradigma vorkamen (vgl. Verf. IF. 37, 26 und 61).

33. Neben FORTUNATOVS Bemerkungen KZ. 36, 34 muß
dann EHRLICH Z. idg. Sprachgesch. S. 17 f. zitiert werden; dessen
Behandlung, auf die BRUGMANN IF. 28, 369 f. verweist und sie
demnach billigt, scheint mir nur teilweise richtig zu sein;
übrigens ist EHRLICH nur mehr im Vorbeigehen auf diesen
Wechsel zu sprechen gekommen. Bei BRUGMANN-THUMB Gr.Gr.⁴34,
§ 11 Anm. wird die Frage unbeantwortet gelassen. Endlich
finden wir auch bei PERSSON Beitr. 145 ff. über diese Frage
einige Bemerkungen, die, wie ich glaube, den Gegenstand fördern. Trotzdem kann ich ich mich in vielen Punkten auch
mit PERSSONS Auffassung keineswegs einverstanden erklären,
und so müssen wir das schwierige Problem noch einmal, wenn
auch in aller Kürze, ganz aufnehmen.

34. Ich bin zunächst überzeugt, daß hier als Ursprung
des *i* ein **reduzierter Vokal**, also ə, angesetzt werden muß;
und zwar braucht dieses ə nicht einmal immer idg. zu sein:
auch ein erst urgriech. entwickeltes ə, namentlich vor sonst schwer
sprechbarer Konsonanz, hatte gleiche Geschicke mit den alten,
idg. reduzierten Vokalen und ist daher von großer Beweiskraft.

So ist z. B. ἴσθι nach Ausweis von aw. *zdī* aus *əzdhi* herzuleiten; denn SÜTTERLINS Erklärungsversuch IF. 29, 126 ist sicher
verfehlt und bedarf keiner Widerlegung. Zwar meinte vor langer
Zeit OSTHOFF KZ. 23, 580, wenn ἴσθι alt sei, dann müsse man
*ἔσθι erwarten wegen des Systemzwangs, und so kam er da-
mals zu der Ansicht, *i*-Prothese sei anzunehmen, und das *i* sei
'rein lautlich aus dem Sibilanten' entwickelter Vokalvorschlag.
Allein einmal ist diese 'Prothese' selber ein höchst merkwür-
diges Ding, das man mit dem Kunstwort selbst keineswegs

erklärt hat, zweitens begegnet vor cθ sonst keine 'Prothese', vor cτ meistens ἀ-, was Osthoff a. a. O. 584 selbst erwähnt, drittens und vor allem aber hätte doch auch dieses ἴcθι dem Einfluß von ἔcτον, ἔcτε, ἔcτω erliegen und sich zu *ἔcθι umwandeln müssen, wenn Osthoffs Argument durchschlagend wäre. Jedoch erstens muß eine Analogiebildung niemals eintreten, sondern sie bleibt bloß möglich, dann aber haben wir es hier mit den Formen des Verbums substantivum zu tun, und nichts ist bekannter, als daß gerade bei besonders häufig gebrauchten Worten sich 'Unregelmäßigkeiten' länger halten als anderswo.

35. Gegen die Herleitung von ἴcθι aus *əzdhi ist also nichts Stichhaltiges einzuwenden, und es ist mir gleichgültig, ob man ə als sekundäre Entwicklung vor der Lautgruppe cθ oder als Schwächung aus idg. e in es- betrachten will: daß wir es hier mit einem reduzierten, urgriech. Murmelvokal zu tun haben — den wir eben mit ə bezeichnen —, läßt sich kaum bestreiten. Dieses ə ist aber nur wegen des folgenden i zu i geworden: es handelt sich also hier um eine Art Vokalharmonie oder Vokalassimilation. Da die griechische Aussprache solche unklaren Murmelvokale, die in urgriech. Zeit vorhanden waren, nirgends beibehielt, spielte die Nachbarschaft anderer Sonore eine große Rolle, als es galt, diesen flüchtigen Vokallauten eine bestimmte Färbung bei ihrer Wandlung zum Vollvokal zu gewinnen.

36. Auch in den anderen Fällen spielt die Nachbarschaft von i, i̯ und u, u̯ (schwerlich auch von c, ζ, wie Persson meint) eine Rolle. Ich freue mich, daß auch Persson Beitr. 146 f. im allgemeinen der Ansicht ist, ə sei im Griechischen durch a vertreten, i aber von kombinatorischen Bedingungen abhängig. Wir wollen zwei Gruppen unterscheiden:

A) ə zu griech. i bei folgendem i, i̯.

1. ἴcθι aus *əzdhi, aw. zdī 'sei', s. o. § 34. —

2. λικρι-φίc 'schräg' (Ξ 463, τ 451) aus *λιχριφίc gehört zu λέχριος, adv. λέχρις, über das Brugmann IF. 27, 264 gehandelt hat. Das erste i geht bei λικριφίc keineswegs auf vollstufiges e, sondern auf einen reduzierten Vokal ə zurück; zur Basis vgl. man noch λεκροί 'Zacken des Hirschgeweihs', λοξός und lat. *licinus* 'aufwärts gebogen' (von Hörnern gesagt), das auf *lecinos*

beruht. Auch das *a* in lat. *lacertus* hat ein solches ǝ in der ersten Silbe fortgesetzt. Lat. *obliquus* und Verwandte gehören dagegen nicht hierher; dessen Stamm hat nicht nur einen anderen Vokalismus, sondern endet auch auf Labiovelar. Es geht also nicht an, die idg. **lek-* 'krumm, schief' und *leiqʷ-* 'beugen' ohne weiteres zusammenzuwerfen, wie PERSSON Beitr. 151 will. Von λικριφίς aus sind im Griechischen einige Ableitungen geschaffen, vgl. HESYCHS λικροί neben λεκροί. Vielleicht gehört auch die Glossen λίγξ und λίξ · πλάγιος Hes. hierher. EHRLICHS weitere Verbindung von λέχριος mit lat. *valgus* (Z. idg. Sprachgesch. 78) ist kaum richtig, s. BOISACQ Dict. 575 und PERSSON Beitr. 85.

3. χθές : aber χθιζός aus *χθǝzdįos (s. WALDE KZ. 34, 526, PERSSON Beitr. 147). Desgleichen ἐχθιζινός (Menand. fragm. 303, v. 2 bei KOCK, CAFr. III) neben ἐχθεcινός (Anth. Pal. cap. X, epigr. exhort., Nr. 79, v. 3, S. 266 bei Dübner), χθεcινός neben χθιζινός (Arist. vesp. 281, ran. 987).

4. χίλιοι aus *χǝcλιοι gegen aeol. χέλλιοι aus vollstufigem *χέcλιοι, s. ai. *sa-hasríya-* trotz WACKERNAGEL, IF. 25, 329.

5. Gr. ῥίζα lesb. βρίсδα aus *u̯rǝdi̯ā, vgl. ῥάδιξ 'Zweig', lat. *rādix* und weiterhin got. *waurts*, ahd. *wurz* usw. (Falsch BALLY Mém. 12, 328).

6. ἰστίη neben ἑcτία. Weder EHRLICHS Behauptung, att. ἑcτία sei aus älterem *Ϝιcτία mit Einführung der Anlautssilbe von ἐcχάρα umgebildet (KZ. 41, 289 ff., Z. idg. Sprachg. 14), noch BUCKS umgekehrte Annahme, ἰcτία habe sein ι von ἴcτημι bezogen (IF. 25, 257), sind glaubhaft, sondern wir haben zwei verschiedene Ablautsstufen, *Ϝεcτία ist die Normalstufe, aber *Ϝιcτία ist aus *u̯ǝstiā hervorgegangen. Im Prinzip so auch PERSSON Beitr. 147.

7. ἔθρις · τομίας κριός entspricht dem ai. *vádhrih* 'verschnitten'. ὄθρις (Zonar. 1428) könnte dazu Abtönung sein. ἴθρις · cπάδων, τομίας, εὐνοῦχος Hes. aber geht auf *Ϝǝθρις zurück; ἄθρις bei Suidas scheint verderbt zu sein.

8. SOLMSEN Wortforsch. 214 f. hat vermutet, ε sei vor Nasal + Guttural zu ι geworden. Diese Regel ist aber kaum richtig, s. EHRLICH Z. idg. Sprachgesch. 14 ff. Wesentliche Fälle lassen sich vielmehr nach unserer Überzeugung mit Ansatz von ǝ erklären; so vgl. man ἴγγια · εἷς. Πάφιοι Hes. : lat. *singuli*.

9. κιγκλίς 'Gittertür' zu κάκαλα · τείχη, att. ποδοκάκη 'ξύλον' zu ai. *kañcuka-* 'Panzer', *kañcī-* 'Gürtel'. Dasselbe ǝ in lit. *kinkýti* 'Pferden das Geschirr anlegen, anspannen'.

10. Auch cτλιγγίc neben cτλεγγίc, ψίλιον neben ψέλιον, ἀνιψιόc neben ἀνέψιοc (ἀνύψιοc geschrieben) können trotz Wackernagel IF. 25, 326 ff. und Persson Beitr. 146 hierhergehören, wenn sie vielleicht auch nach anderen ursprünglicheren Mustern gebildet sind; ein schwach artikuliertes, unbetontes ə (geschrieben ε) konnte sich leicht an ein folgendes ι assimilieren: das beweisen diese Wörter auf jeden Fall (s. auch G. Meyer Gr. Gr.³ 109).

11. ἰκτῖνοc 'Weihe' zu ai. *śyená-* 'Falke', arm. *sin.* Der Ausdruck 'prothetischer Vokal' erklärt nichts. Für uns ist dieses wie die nächsten Beispiele dafür Zeuge, daß ein ə, ein reduzierter Schwa-Laut, im Griech. vor folgendem ι sich zu *i* wandelte.

12. ἰcχίον aus *əcχίον, vielleicht nach Meringer Beitr. z. Gesch. d. idg. Dekl. 3 mit ai. *sákthi* entfernt verwandt; dazu ἴcχι·ὀcφύc Hes.

13. ἰκτίc, ἴκτιc 'Wiesel' neben κτίc bei Hes. und hom. κτίδεοc 'aus Wieselfell' (K 335, 458).

14. Daß sogar in Suffixsilben gelegentlich Wechsel von ε : ι erscheint, hat Kretschmer KZ. 31, 377 gesehen; ich übernehme von ihm das Beispiel μάγειροc : μάγιροc d. h. *μάγεριοc neben *μαγιριοc; doch vgl. auch Wackernagel a. a. O.

B. ə zu gr. ι bei benachbartem *u*, *u̯*.

37. Es ist mir recht wahrscheinlich, daß in manchen der hierhergehörenden Fälle ι erst aus υ dissimiliert worden ist. ə wird sich zunächst zu əᵘ, *u* gefärbt haben, dann aber dissimilierte es sich zu *i* (s. unten § 57 ff.).

15. πίcυρεc neben att. τέτταρεc, böot. πέτταρεc. Daß ι aus ə hervorging, kann um so weniger bezweifelt werden, als wir noch in anderen Sprachen dieselbe Ablautsstufe bei diesem Zahlwort antreffen werden.

16. ἰχθύc aus *əχθύc = lit. *żuvìs*, arm. *jukn* (s. auch Brugmann-Thumb, Gr. Gr.⁴ 152).

17. ἰγνύη (homer.), att. ἰγνύc zu γόνυ. Eine ganz unwahrscheinliche Erklärung bei Ehrlich Z. idg. Sprachgesch. 14.

18. πριcγεύc (böot.) neben gewöhnlichem πρεcβεύω. Ehrlich a. a. O. 17 nimmt ansprechend an, im Femininum πρέcβα aus *πρέcγϜα, *πρəcγϜά sei *i* lautgesetzlich gewesen: im Böotischen habe es sich weiter verbreitet, sonst sei es aufgegeben worden.

19. Während man bei gr. ἴζω nicht entscheiden kann, ob es aus *sədi̯ō (vgl. cymr. *had-*) oder aus *si-zdō (umbr. *andersistu*) entstanden ist, scheint mir für ἱδρύω die Ableitung aus *sədrui̯ō sicher (ἕζομαι).

20. ῥίμφα 'schnell' ist aus *ῥέγχϜα geschwächt und mit ahd. *ringi* zu vereinen, ZUPITZA G. G. 160, N. 2, OSTHOFF MV. 6, 16 ff., EHRLICH a. a. O. 16 (*ῥέγχϜα).

21. σκιμβός 'lahm' (σκιμβός·χωλός Hes.) stelle ich mit EHRLICH a. a. O. 15 gegen PERSSON Beitr. 156, der an lett. *schk'ĩbs* 'schief' denkt, vielmehr zu lit. *kéngė* 'Hacken', gr. κυμβόω 'eine Schleife bilden'; Grundform war etwa *skəng-u̯ós.

22. Ἐπ-ιρνύτιος · Ζεὺς ἐν Κρήτῃ Hes. zu ἔρνος, ἔρνυτες. Diesen schönen Fall brachte zuerst KRETSCHMER KZ. 31, 376 bei und verwies auf eine Münze aus Phaistos, die den Gott unter Zweigen zeigt.

23. δρίος 'Gebüsch', plur. δρία, δριάω gehören natürlich zu δρῦς (OSTHOFF Et. Par. 1, 148). Zur Vollstufe *dereu̯o- (oder ähnlich) gab es die Schwund- oder Reduktionsstufe idg. *druu̯-, das, wie wir später sehen werden (u. § 130), auf älterem *drəu̯- beruht. *drə-u̯o-* (vgl. aksl. *drъva* pl. Holz), *druu̯o-* liegt vor in δρυϜός (gen.), ἀκρόδρυα 'Fruchtbäume', alb. *dru* 'Holz' usw. δρίος, δρία muß dagegen auf *drəu̯i̯o- zurückgeführt werden.

24. ἵππος aus *ǝκϜος (lat. *equus*, ai. *áśvah*). Das schwierige Wort scheint mir bis jetzt am besten von MEILLET Mém. 9, 136 beurteilt. Dazu vgl. BRUGMANN IF. 22, 202, EHRLICH Z. idg. Sprachgesch. 17.

Es ist an dem Worte zweierlei auffällig: der Spiritus asper und der *i*-Vokal. Beides versteht sich leicht bei unserer Grundform *ǝḱu̯os : ǝ war zunächst zu ǝ^u, u geworden und hatte im absoluten Anlaut das bei idg. *u* übliche *h*- angenommen, wie es in den bekannten Fällen von ὑπό : ai. *úpa*, ὕστερος : ai. *úttarah*, ὕδωρ : ai. *udán* usw. erscheint. Dann aber dissimilierte sich das *u* wie in den anderen hier behandelten Fällen zu *i*, *ὕκϜος wurde zu ἵππος.

25. πίτυλος, πιτυλεύω, πιτυλίζω gehört zu lat. *petulantia*, *petulans*, *petulcus* (*pətul-*).

26. ἰπνός ist aus *Ϝǝq^unós zu deuten, nicht aus der Tiefstufe *uq^unós = got. *auhns* 'Ofen', die im Griechischen als *ὐκνός auftreten müßte. Dagegen ist bei unserer Annahme alles in Ordnung, vgl. noch FEIST, Et. Wb. d. got. Spr. 36.

27. κίλλος 'Esel', κιλλός 'grau' aus *kəl-i̯o- zu ai. karkáḥ
'weiß', schweiz. helm 'weißer Fleck auf der Stirne', s. PERSSON
Beitr. 169.

38. Auf diese Belege[1]) gestützt wage ich die Regel aufzustellen:
Ein überkurzer, reduzierter Vokal (ə) wandelte
sich im Griechischen bei einfacher konsonantischer
Umgebung zu i, wenn in der folgenden Silbe i, i̯ oder
u, u̯ stand.
Ich halte es für keinen Mangel, wenn manches Beispiel
unter obigen Belegen nicht auf idg. Ablautserscheinungen,
sondern nur auf urgriechischer Vokalentwicklung vor Doppelkonsonanz beruhen mag: gerade das wirft auf die Beschaffen-
heit des idg. ə ein deutliches Licht. Andererseits freilich ist
dieser 'i-Vorschlag' keineswegs mit der jüngeren 'Prothese', die
ja α, o, ε entwickelt, zu verwechseln: die Erscheinungen stammen
aus verschiedener Zeit.

39. Mancherlei hat man hierhergezogen, was nichts hier
zu suchen hat. Daß νῑϲομαι nicht aus *νέϲι̯ομαι zu erklären ist,
dürfte allgemein feststehen. Gr. ἰλύϲ, das PRELLWITZ Et.Wb.²
196 aus *ἰϲλυ- zu ὀλόϲ ziehen wollte, gehört vielmehr zu slav.
ilъ 'Schlamm'. (Unrichtig HIRT Handb.² 106). ϲπινθήρ 'Funke'
ist noch nicht sicher gedeutet; sollte es aber zu lett. spûdrs
(aus *spandras) 'blank' gehören (BECHTEL BB. 23, 250), dann
verweist PERSSON Beitr. 156 mit Recht auf i-Formen in lit.
spindéti 'glänzen', spístu, spísti 'erglänzen', die zu ϲπινθήρ
stimmen und die Unursprünglichkeit des e-Vokalismus in jenem
lettischen Worte dartun. Hom. κρίκε 'knarrte', das HIRT Abl.
15, § 28 mit κρέκω vergleicht, kann als schallnachahmendes
Wort keine Stütze für alte Ablautsverhältnisse sein; es wird
sich wohl sekundär an κρέκω angeglichen haben, vgl. gr. κριγή
'Ente', κρίζω, aksl. kričъ 'Geschrei', kričati 'schreien, rufen', lit.
krÿkszti 'kreischen', s. ZUPITZA G. Gutt. 123 f., PERSSON Stud. 194,
Beitr. 151, BERNEKER Wb. 616. Gr. λικερτίζειν · ϲκιρτᾶν verbindet
PERSSON ansprechend a. a. O. 151 mit ai. reka- 'Frosch' (Gramm.);

---

[1]) Vielleicht noch βιλλίϲ, βίλλοϲ : βαλλίον s. Herodian 1, 158,1 Lentz:
βίλλοϲ τὸ ἀνδρεῖον αἰδοῖον τὸ κοινῶϲ βιλλίν, παρ' Ἐφεϲίοιϲ βαρύνεται
(PERSSON Beitr. 269) und ϲπινδεῖρα · ϲπινδῆρα · ἄροτρον Hes., falls man
pāmird. spundr 'Pflug' und lett. spanda 'Eisen am Pflug' vergleichen darf
(PERSSON a. a. O. 413).

aksl. *likъ* Tanz"', *likovati* 'tanzen' sind aber aus got. usw. *laikan* 'springen, hüpfen' entlehnt (Berneker Wb. 719, Feist Et. Wb. 173). Über αἰγίλιψ vgl. neben Persson Beitr. 152 noch Solmsen Unters. 73ª. Schwierig ist cкιρτάω neben cкαίρω zu erklären; mir ist am wahrscheinlichsten, daß cкιρτάω wegen seines Anklangs an cкαίρω erst nachträglich sich an dieses angeglichen hat und für älteres *cкριτάω steht, wodurch sich seine Verwandtschaft mit unserem nhd. *schreiten*, ahd. *scrītan*, ags. *skrīþan*, lit. *skrýtis* 'Radfelge', lett. *skritulis* 'Rad' ergeben würde. Verwandt sind auch lit. *skrìsti* 'kreisen, fliegen, schnell laufen', *skraidus* 'schnell'. Falls cкινθός 'untertauchend' zu lit. *skęstù skendaũ skẹ̃sti* 'untersinken, ertrinken' gehört, würde ich es aus *skəndh-u̯ó-* herleiten (vgl. ὀρθός mit ai. *ūrdhvá-* usw.): dann ließe sich nach unserer Regel das *i* sehr wohl verstehen. Auf das unsichere πιλνόν · φαιὸν Κύπριοι Hes., das an πελλός πελιός erinnert, wage ich nicht den Ansatz einer alten Ablautvariante zu bauen, so leicht es angesichts von πελι-óc, πολι-óc, πελι-τνóc, ai. *pali-táh*, f. *páli-knī* auch wäre, das ι in dieser Sippe aus ə zu deuten. Für gr. ῥίον 'Bergspitze' hat man as. *wrisi-līc* 'riesenhaft', as. *wrisil* 'Riese' zu vergleichen, um den Gedanken an eine Entwicklung dieses ρι aus *rə* als unrichtig zu erweisen. Wegen ὀνοκίνδιος, ὀνοκίνδας 'Eselstreiber' verweise ich auf Persson Beitr. 156, der *κίνδω mit κινέω verbinden will und wegen der Ableitungssilbe an κυλίνδω, ἀλίνδω erinnert. Alle diese Formen kommen für unser ə nicht in Betracht und haben nur die Unklarheit über diese Frage vermehren helfen.

40. Dazu kommt nun noch ein weiterer Irrtum. Seit Thurneysen KZ. 30, 352 nehmen viele ein idg. silbisches *ẓ̌* an, von Walde KZ. 34, 525 ff., Bally MSL. 12, 314 ff. bis Ehrlich Z. idg. Sprachgesch. 18 und Persson Beitr. 146 f., der in den Fällen χθιζός : χθές, ἴcθι : aw. *zdī*, χίλιοι, ῥίζα das c, ζ für die *i*-Färbung der Stammsilbe verantwortlich machen will; doch nimmt er auch folgendes *i* daneben als Ursache für den Wandel ε > *i* an. Alle diese Versuche halte ich für verfehlt; viele der dafür vorgebrachten Belege begegnen mit Recht allgemeinem Mißtrauen. Daß κριός, ῥίπτω, τρίβω nicht so zu beurteilen sind, ist schon so oft betont worden, daß ich nicht mehr darauf einzugehen brauche. Aber auch κριθή gehört nicht zu lat. *hordeum*, ahd. *gersta*, da ja auch das κ sich nicht recht fügt. Man vergleicht jetzt meistens ags. *grātan*, engl. *groads* 'Grütze', s. Uhlenbeck KZ. 40, 555. χρίω hat wegen χροιά altes *i*.

41. Was Ehrlich a. a. O. bringt, hält ebenfalls nicht stand: gr. χῑλός 'Futter' gehört keineswegs zu ai. *ghas-* 'essen, fressen', sondern zu arm. *šil* 'Zweig, Hälmchen'; und φῑμός 'Maulkorb', das man einleuchtend mit lat. *fiscus* vergleicht, hat mit ai. *bhas-* 'kauen' gewiß nichts zu schaffen. Dies zeigt doch auch die Bedeutung; denn mit einem Maulkorb ißt oder kaut man doch nicht! Es ist übrigens interessant, daß sowohl Walde KZ. 34, 525 f. als auch Bally MSL. 12, 314 eigentlich nicht von *z̧*, sondern von *əz* (sie sagen *iz*, *uz*) ausgehen wollen. So sagt Bally a. a. O.: 'Un point cependant paraît à peu près acquis, c'est que *z*, en se vocalisant, ne s'est pas directement transformé en une voyelle longue, comme semble l'admettre M. Thurneysen, mais le son sifflant a d'abord développé devant lui un élément vocalique; ensuite les groupes *-iz-* et (en grec) *-uz-* ont été traités comme dans les cas où *z* était consonne dès l'origine'. Gegen die Theorie in dieser Form läßt sich schon weniger einwenden, und das war der richtige Kern an ihr, der zur Aufstellung von *z̧* überhaupt geführt hat. Wenn aber zugegebener Maßen *z̧* selbst nicht begegnet, sondern nur *-iz-*, *uz-*, so scheint mir der Schluß notwendig, daß in einigen Fällen auch vor idg. *z* der kurze Vokal reduziert war: χίλιοι geht in der Tat auf *χə́zлιοι zurück. Die wenigen Beispiele, die man mit Recht in dieser Frage angeführt hat, stellen sich demnach nur als Sonderfälle von Schwa secundum (*ə*) vor *z* heraus (s. auch unten über *-uz-* aus *-əz-*, § 48 ff.).

42. Es gibt nun noch eine dritte Gruppe (C), die hier erwähnt werden muß, nämlich einige Verba auf idg. *-nǎmi*, bei denen im Praesens *i* in der Stammsilbe auftritt gegenüber ε an derselben Stelle in außerpräsentischen Formen, nämlich in πίτνημι : πετάσαι, σκίδναμαι : σκεδάσαι, πιτνέω : πετ-, πίλναμαι : πελάσαι, κίρνημι : κεράσαι, κρίμνημι zu κρεμάσαι, ὀριγνάομαι zu ὀρέγω, s. Kretschmer KZ. 31, 375 f. Diese Wörter sind von jeher eine wahre crux für die sprachwissenschaftliche Erklärung gewesen.

Eines scheint mir dabei von vornherein sicher zu sein, daß nämlich das auffallende *i* im Stamme dieser Wörter, wenigstens in den alten Mustern, einen ursprünglichen, reduzierten Vokal, idg. *ə*, fortsetzt, der in bestimmten Formen des Praesens entstanden war und sich dann, wie das in solchen Fällen nicht anders zu sein pflegt, auf dem Wege der Analogie auf das ganze Praesenssystem ausgedehnt hat.

Die Schwierigkeit, die diese Verba bieten, liegt für mich
nur darin, daß man den engen, ursprünglichen Ausgangspunkt
des *i* = idg. *ə*, eben wegen der analogischen Ausdehnung dieses
Vokals, nicht mehr sicher nachweisen kann.

43. EHRLICH Z. idg. Sprachgesch. 18 f. hat die harte Nuß
in der Weise zu knacken versucht, daß er ι als jungen Übergangslaut ansieht: ich halte das geradezu für falsch. Er meint,
das Suffix -νᾱμι habe die Basis normaler Weise in die Tiefstufe
versetzt, daher stehe πίτνημι für *πτναμι: "in der schwer sprechbaren Folge von zwei Explosivae + Nasal hat sich zwischen
ersteren ein Übergangslaut auf griechischem Boden[1]) entwickelt; so geht cκίδναμαι auf *cκδναμαι zurück . . . . . . Das nach-
homerische πιτνέω, Aor. πιτνεῖν 'fallen' deute ich analog aus
*πτνέω *πτνεῖν". Als Neubildungen nach πίτνημ und (c)κίδναμαι
werden von EHRLICH hom. πίλναμαι, κίρνημι und nachhom. κρίμνημι bezeichnet. BRUGMANN IF. 28, 369 f. scheint sich EHRLICH
anzuschließen.

Es ist also EHRLICHS wesentlichste Behauptung, daß wir
es lediglich mit einem einzelsprachlichen Übergangslaut
zwischen schwer sprechbarer Konsonanz zu tun hätten, aber
keineswegs mit schon idg., vorgriechischen Erscheinungen. Das
ist unrichtig: Idg. Formen wie *ptnámi, *skdnámi, die nach
EHRLICH aus alter Zeit in die vorgriechische und gemeingrie-
chische Periode übergegangen sein sollen, sind meiner Ansicht
nach papierne Gebilde, die nicht existiert haben. Denn gesetzt,
eine Form wie *skdnámi sei auf lautgesetzlichem Wege in vor-
historischer Zeit entstanden, dann wäre sie alsbald umgebildet
worden, und zwar auf zwei Wegen, entweder wäre das normalstufige *e* aus sonstigen Formen der Basen gr. πετα-, cκεδα- eingeführt worden, also *petnámi entstanden, oder die Gruppen *ptn-*,
skdn- usw. wären schon idg. lautmechanisch vereinfacht worden;
dies zeigen Fälle, wie etwa gr. τράπεζα, τρυφάλεια, npers. *šubān*
aus apers. *fšupāṷan- zu lat. *pecu*, aw. *pasu-* usw. zur Genüge.

44. Den positiven Beweis dafür, daß nicht von urgrie-
chisch *ptnámi, *skdnámi, sondern nur von *pətnámi, *skədnámi
auszugehen ist, liefert aber osk. patensíns 'panderent, aperirent'
(lat. *pandō*)[2]), eine Form, die ein Praesens auf -*nō* erschließen
läßt: patensíns aus *patnesēnt, vgl. zur Form osk. fusíd 'foret'

---

[1]) Von mir gesperrt.
[2]) Dazu noch keltische Formen, s. u. § 178.

(Buck Elem. 111); wir sehen also, auch hier ist zwischen den in Betracht kommenden Konsonanten der Stammsilbe ein Vokal vorhanden, und zwar ist auch dieses a gegen dem e der Normalstufe auf idg. $ə$ zurückzuführen. Es genügt vorerst, an das ganz gleiche Verhältnis von gr. πίϲυρες zu lat. *quattuor* zu erinnern. Auch Persson Beitr. 152 übersieht dies, wenn er behauptet, es sei bisher kein einziger Fall gefunden, aus dem man mit einiger Sicherheit schließen könne, $_e$ sei im Griechischen vor Geräuschlauten zu ι geworden und lat. a gleichzusetzen.

Wir haben eben hier einmal wieder ein Beispiel, wo sich das Bestreben, möglichst nur auf einzelsprachlicher Grundlage zu bauen und allen vorhistorischen 'Hypothesen' Mißtrauen entgegenzubringen, schwer gerächt hat.

45. Auch Persson Beitr. 150 hat sich um unsere Verba bemüht; wir können bei seiner Neigung, möglichst viel mit einander unvereinbare 'Wurzeldeterminativa' nachzuweisen, von vornherein vermuten, daß er die Wörter trennen wird[1]). Er sucht das Paar ϲκεδάννυμι und ϲκίδνημι durch den Hinweis auf lit. *kedéti* 'bersten', lett. *schkedēns* 'Splitter', arm. *šert* 'Span' einerseits und auf lit. *skédžiu, skésti* 'trennen, scheiden', *skëdrà* 'Span', *pa-skýsti* 'sich zerstreuen' von einander loszureißen. Ebenso vergleicht er ὀρέγω mit ai. *ŕjyati, ŗñjáti*, got. *ufrakjan* usw., aber ὀριγνάομαι vereinigt er mit lit. *réižiůs, réisztis* 'sich brüsten', *ráižaus, raižytìs* 'sich recken'. Ich habe gegen diese Vergleichungen nichts; wohl aber leugne ich, daß nach diesen beiden Formen alle anderen als Analogiebildungen entstanden sein sollen (a. a. O. 150); das ist ganz irrig: πίτνημι muß nach Ausweis von osk. patensíns alt und ursprünglich sein!

46. Zudem hätte Ehrlich, selbst wenn seine Ansicht richtig wäre, noch erklären müssen, warum in diesen Fällen i, und nicht ε, α, ο erscheint; ι als 'Übergangslaut' ist im Griechischen gar nicht so gewöhnlich, um als selbstverständlich hingestellt zu werden. Darin beruht aber, wie wir schon oben feststellten, gerade die Schwierigkeit, weil wir den Ausgangspunkt von ι = idg. $ə$ nur noch vermuten, nicht wirklich beweisen können.

Es wird in der alten Flexion zwischen Singular und Plural,

---

¹) Daß ich dieses Verfahren im allgemeinen nicht billigen kann, brauche ich für jeden, der meine 'Reimwortbildungen' kennt, nicht noch besonders zu betonen.

wie üblich, Akzent- und Ablautsverschiedenheit geherrscht haben.
Etwa *petnămi : *pətnṇmés oder ähnliche Formen haben wir uns
als ganz ursprünglich vorzustellen. Vor der Doppelkonsonanz
-tn- erhielt sich also ein reduzierter Vokal ə in uridg. Zeit in
der Stammsilbe: was EHRLICH für das Urgriechische annahm,
das war in Wahrheit schon in idg. Zeit geschehen.

47. Wie aber, so fragen wir weiter, kommt es, daß ə
hier als *i* erscheint? Denn, wie wir bald sehen werden, ist ə
spontan im Griechischen durch *a* vertreten. Auch darauf vermag nur eine Hypothese zu antworten. Ich denke mir die
Sache etwa so: Es ist höchst auffallend und bedarf geradezu
einer Erklärung, daß neben den Verben nach der *nā*-Klasse,
um die es sich hier handelt, fast immer Bildungen nach der
nu-Klasse liegen. Man vgl. gr. πίτνημι : πετάννυμι, cκίδνημι :
cκεδάννυμι, κίρνημι : κεράννυμι, ὀριγνάομαι : ὀρέγνυμι. Seit idg.
Zeit herrschte zwischen Verben der *nā*- und *nu*-Klasse wechsel-
seitige Beziehung (s. BRUGMANN Grdr. 2² I, 3, 297 f. mit Lit.), und
es lassen sich auch sonst Ausgleichungen zwischen Bildungen
der beiden Klassen nachweisen. Auch die Verba nach der *nu*-
Klasse versetzen die Basis gerne in schwundstufige Form, vgl.
μινύθω, ἄρνυμαι, τάνυται, ai. *sunóti, minóti* usw.: also stimmt
auch in πετάννυμ, cκεδάννυμι die Wurzelstufe kaum mit der
bei Stellung im Plural zu erwartenden Basengestalt, sondern sie
haben die von der Singularbetonung bewirkte Stufe verallgemeinert: etwa *pətṇ-nu- : *pətnu-'* müssen hier als einstige Formen
erwartet werden. Es liegt also die Vermutung sehr nahe, die
nicht nur das ι von πίτνημι, sondern auch die Beschränkung
dieses Vokals auf das Praesenssystem erklärt und sich auf das
Nebeneinander von πίτνημι : πετάννυμι stützt, daß wir das ι in
Formen der *nu*-Klasse nach der oben entwickelten Regel uns
entstanden denken. — Warum aber hat sich dann ι nicht in
der *nu*-Klasse erhalten, sondern allein bei der *nā*-Klasse? wird
man einwenden. Bei der *nu*-Klasse wurde die Stammesgestalt
πετα- verallgemeinert, wenn dagegen ι in einigen Formen auf
dem Wege der Analogie in πίτνημι usw. eingedrungen war, blieb
es deswegen fest, weil die Formen wie πίτνημι, cκίδνημι an dem
Typus ἵcτημι, τίθημι, πίμπλημι ihre sichere Stütze hatten. Wenn
PERSSON recht hat, so kam dazu, daß in einigen Formen das *i*
alt sein kann. So dürften sich diese widerspenstigen Verba
zähmen lassen.

III. Zur *u*-Färbung reduzierter Vokale im Griechischen.

48. Unserer Behandlung des Wechsels von ε mit ι wollen wir sofort eine Untersuchung der anscheinend so parallelen Alternation von o mit υ folgen lassen. Indessen haben wir den durchgreifenden Unterschied zwischen diesen beiden Gruppen schon oben hervorgehoben: dieses mit o wechselnde υ erscheint nicht wie jenes *i* in beliebiger Umgebung einfacher Konsonanten, sondern nur bei Nasal und Liquida; es handelt sich also um die Lautgruppen υρ, υλ, ρυ, λυ, μυ, νυ.

Es ist mir sehr wahrscheinlich, daß das Griechische in ein paar Fällen eine schon voreinzelsprachliche, idg. *u*-Färbung fortgesetzt hat; denn auch in anderen idg. Sprachen findet sich in der Nachbarschaft von Nasal und Liquida gelegentlich *u*-Timbre. Wir kommen unten (VII. Abschnitt § 135 ff.) darauf zurück. Trotzdem wollen wir hier zunächst vom rein einzelsprachlichen Standpunkt aus den Wechsel o : υ untersuchen und uns nach gemeinsamen Vorbedingungen umschauen. Soviel ich sehe, dürfte dieser Wechsel damit zusammenhängen, daß in der nächsten Silbe *i* oder *i̯* stand. Selbstverständlich sehe ich in der Vorstufe des υ auch hier keinen Vollvokal, sondern auch dieses *u* hat sich aus idg. *ə*, genauer *ə*^{u} entwickelt.

Man sehe folgende Belege:

1. μύλλω aus **məl̥i̯ō*, vgl. aksl. *melją*.
2. φύλλον aus **bhəl̥i̯om* zu lat. *folium*.
3. cπυρίc, cφυρίc aus **sp(h)ərís* gegen cπάρτον, lat. *sporta*.
4. ἄγυρις, πανήγυρις zu ἀγείρω.
5. πτύρω aus **ptəri̯ō* 'mache scheu', πτύρομαι 'werde scheu' zu lat. *consternāre*, ahd. *stornēn* 'attonitum esse' (WALDE Wb.² 188).
6. cκύλλω aus **skəl̥i̯ō*, lit. *skeliù*, aber gr. cκάλλω.
7. κύλιξ aus **kəlik-* : lat. *calix*, ai. *kaláśaḥ*.
8. κύρβις aus **qʷərbi-*, vgl. καρπός, ahd. *hwerban* 'sich drehen', nhd. 'Wirbel' (*qʷer-p-*).
9. κυρίccω zu κέρας.
10. νύξ, νυκτός; es ist vom alten *i*-Stamm lit. *naktìs*, aksl. *noštь*, ai. *nákti-* auszugehen, der ja auch in gr. νυκτι- erscheint:

Aus *νόξ : νυκτι- ist das einheitliche Paradigma erwachsen.
Vgl. auch παννύχιος, ἐννύχιος.

11. Für μύρμηξ beachte man lat. *formī-ca* und ὄρμικας bei Hes.,
sowie *morui-* in air. *moirb*, cymr. *myr*, auch ai. *valmī́kah*
'Ameisenhaufe'. Unrichtig SOLMSEN Beitr. z. gr. Wtf. I, 129.

12. βρέχω, aber ὑποβρύχιος.

13. ὄροφος, ἐρέφω, aber ὑπωρυφία (SGDI 3325, 42).

14. θυλλίς · θύλακος Hes. neben θαλλίς · μάρcιππος, JOH. SCHMIDT
Vok. II, 334.

15. μύλλος 'Rotbarbe' aus *məl-ịos zu μέλας, μολύνω.

16. cύρω aus *sərịō, aber cαίρω.

17. cφῦρα aus *cφəρịā, aber cφαῖρα.

18. cμύρις 'Schmirgel', cμυρίζω hat auch μύρον veranlaßt, vgl.
nhd. *Schmeer* (ahd. *smero*), *schmieren* : *Schmirgel*.

19. βύρcι-νος = ahd. *chursi-na* 'Kürschner', βύρcα wohl aus
*βύρcịα zu βερρόν · δαcύ Hes.

20. cκύζα aus *skədịā, vgl. cπάζει · cκυζᾷ Hes.

21. ῥυφαίνω, ῥυφέ(ι)ω : ῥοφέω; vgl. auch lit. *surbiù*.

22. κυλίνδω : καλινδέομαι.

23. κυπρῖνος 'Karpfen' aus *κυρπρῖνος gegen lat. *carpa* (WALDE
Wb.² 133).

24. γυνή : βανά. Das υ scheint in den obliquen Kasus γυναικός,
γυναικί usw. wegen des *i*-Diphthongs entstanden. Das *gᵘ*
kann allein nicht schuld sein an dem *u*-Timbre, da es in
βανά (*gᵘənā) nicht gewirkt hat. (Nicht aus *γϜνα, HIRT
Ablaut 12.)

25. cπυρθίζω (Aristoph. frgm. 857 Kock) nach Photius τὸ ἀνα-
cκιρτᾶν, ἀπὸ τῶν ὄνων zu ai. *spárdhate*, s. PERSSON Beitr. 657.

26. cκύλιον 'Haifischhart' aus *sqᵘəlịom zu lat. *squalus*.

27. κυρτίς, κυρτία, κύρτιον, darnach auch κύρτος, κύρτη zu κάρταλος.

28. φρύccω 'röste' aus *bhrəktịō, vgl. ai. *bhrjjáti, bharjjáyati*
'röstet', lat. *fer(c)tum*. Wir haben eine zweisilbige Basis, vgl.
russ. *brága* 'Getränk aus gedörrter Gerste und Hirse', baluči
brijag 'backen' und auch air. *bairgen* 'Brot', cymr. *bara*
(*bhər-); daß slav. *braga* aus keltisch *braich* 'Malz' (ir.), cymr.
brag stammen soll (BERNEKER Wb. 80), kann ich mir nicht
denken. Gr. φρύγω ist wohl Kontamination aus *φρῑγω =
lat. *frigo* und gr. φρύccω.

29. διαπρύcιος 'sich weithin erstreckend': διαπρό, also *διαπρə-
-τị-ος.

49. Auf diese Belege gestützt, glaube ich die Regel aufstellen zu dürfen:

Ein idg. aus kurzen Vokalen reduzierter Laut (ə) wandelte sich in der Stellung zwischen Nasal oder Liquida einerseits und Labial, Labiovelar und Reinvelar andrerseits zu *u* (υ), falls in der nächsten Silbe *ĭ* oder *i̯* folgte.

Für Schwa indogermanicum, *v*, der Reduktion idg. Längen, gilt diese Regel selbstverständlich nicht, z. B.: ῥαπίc 'Rute': ῥῶπεc, τράμιc : τρῆμα.

50. Auch hier haben wir uns noch um einige Sonderfälle umzusehen: μύλη 'Mühle' ist erst nach μύλλω umgebildet. Sollte auch gr. cκύλαξ 'Hund' hierhergehören, so würde ich auf lit. *skalì-kas* 'Jagdhund', *skályju* 'belle' verweisen; das Suffix wäre umgebildet nach Formen, wie φύλαξ. ὄρτυξ 'Wachtel', Hes. ϝόρτυξ d. h. Ϝόρτυξ scheint gleichfalls Umbildung eines *i*-Stammes zu sein, vgl. ai. *várti-kā* neben *vartakaḥ* 'Wachtel', npers. *vardīǰ*, *vartīǰ* dss. und gr. Ὀρτυϝίη 'Wachtelland'. Jedenfalls ist MEILLETS Behauptung (MSL. 9, 136) nicht zutreffend, daß vor -*k*-, das die Silbe schließt, altes *e*, *o*, zu υ im Griechischen geworden sei: über ὄνυξ und κύκλοc s. unten; κύκνοc gehört wohl überhaupt nicht zu lat. *cicōnia*, sondern zu ai. *śúci-* 'weiß', *śócate* 'glänzt', vgl. gr. ἀλφόc zu ahd. *elbiz*, aksl. *lebedь* 'Schwan' (WOOD Am. J. of Phil. 21, 179), ϝυμνόc ist aber ganz unklar gebildet. Auf diese Weise kommt man also nicht zum Ziele.

Gr. βύττοc · ϝυναικὸc αἰδοῖον Hes., das man mit got. *qiþus* verglichen hat, lasse ich als zu unsicher ganz aus dem Spiele (s. auch PERSSON Beitr. 109 A 3). Daß hom. πύρϝοc zu φράccω gehören soll, ist schon wegen des anlautenden Konsonanten nicht anzunehmen; denn φύρκοc 'τεῖχοc' ist erst Glosse Hesychs, vielleicht also junges Reimwort.

Mit πύλη, πύλαι ist es eine andere Sache, denn schon ai. *go-puram* 'Tor' zeigt das *u*: der Fall ist also nicht erst einzelsprachlich und darf daher gegen ein griechisches Spezialgesetz nicht verwertet werden. Wegen πτέρυξ kann ich auf PERSSON Beitr. 888 verweisen, der υ mit Recht als Fortsetzung von idg. *u* auffaßt.

Somit bleibt noch οἰνόφλυξ, φλυκτίc, das man gerne zu φλέϝω gestellt hat (z. B. THUMB KZ. 36, 191). Nun ist aber φλυϝ- nicht von φλυκτίc, φλύζω, φλυκταίνω zu trennen, und scheinbar läßt sich auch hier unsere Regel erkennen. Aber wegen φλύω 'walle über', lat. *flumen, fluo* usw., die ich mich abzutrennen nicht verstehen kann, ist es einfacher und richtiger, altes -*u*- in diesem Worte anzunehmen. φλόξ und φλέγω haben kaum etwas mit -φλυξ zu schaffen, eher noch φλεβάζειν. Somit ist mir jedenfalls dieses Beispiel, so leicht es sich mit unserer Regel vereinen ließe, nicht sicher genug (s. auch PERSSON Beitr. 57).

51. KRETSCHMER KZ. 31, 377 eröffnet die Reihe seiner Belege für 'den Übergang von o in υ' mit ὄνομα : ἀνώνυμος. Allein hier hat es mit dem -*u*- eine ganz andere Bewandtnis, wie ein Blick auf die armenischen Verwandten dieses weitverbreiteten und vielzerklüfteten Paradigmas schon zeigen muß: *anun*, Gen. *anvan*; nehmen wir noch cymr. *anu*, Plur. *enuein* hinzu, so ergibt sich mit Sicherheit, daß -*u*- mit den alten Stammabstufungen dieses Wortes zusammenhängt. Wenn KRETSCHMER meint, *u* sei nur in der Komposition (ἀνώνυμος, εὐώνυμος, ἐπώνυμος, νώνυμος usw.) lautgesetzlich und von da erst ins Simplex eingedrungen (thessal. ὄνυμα, aiol. ὄνυμα, boiot. ὄνουμα usw.), so schuldet er uns den Beweis für diese Behauptung. Ich kann daraus nur folgern, daß es urgriech. die Doppelformen ὄνομα und ὄνυμα gab, die in den einzelnen Dialekten verschieden verallgemeinert wurden; im Kompositum wurde aus ästhetischen Gründen, d. h. aus Streben nach Wohlklang im Ionisch-Attischen die Häufung dreier *o*-Laute (*εὐώνομος, *ἀνώνομος usw.) durch Bevorzugung der Dublette vermieden.

Ähnlich steht es mit ὄνυξ, ὄνυχος (s. BRUGMANN-THUMB Gr.G.⁴. 137), wie lat. *unguis*, air. *inga* aus *engu-ina beweisen; das *u* ist auch hier aus alter Stammabstufung zu deuten.

52. Eine weitere Sondergruppe enthält ein *u̯* bei Nasalis oder Liquida, oder doch mindestens Labiovelar, z. B.: λύκος; λυγίζω, λύγος zu lat. *valgus*, ai. *válgā*, lett. *walgs*; ῥύγχος : ῥέγχω vgl. ags. *wrenc*.

Es ist bekannt, aber nicht erklärt, daß neben *u̯r-*, *u̯l-*, der Tiefstufe zu *u̯er-*, *u̯el-*, in idg. Zeit bereits *ru-*, *lu-* vorkam: λύκος : ai. *v̥́kah*, aw. *vəhrka-*, germ. *wolf* aus **u̯u̯lfaz*, lit. *vilkas* oder **qᵘetu̯ṓres*, vgl. ai. *catvā́rah* gegen *caturbhíh* : lat. *quadru-*, τρυ-φάλεια, ai. *v̥kṣáh* : pāli *lukkha*, lat. *Volcanus* : griech. λύχνος aus *luksnos u. a.

Es handelt sich hier wieder um voreinzelsprachliche Laut-

wandlungen, so kommt man über bloße Vermutung nicht hinweg.
Freilich kann ich Hirt Abl. 13 nicht folgen. Wir lesen hier:
'Neben ai. *vŕkas*, lit. *vil̃kas*, abg. *vlъkъ*, got. *wulfs* treten im
Griech. λύκος, im Lat. *lupus* auf. Alle Versuche, das griechische
und lateinische Wort mit denen der übrigen Sprachen zu vereinen, sind gescheitert. Wir müssen vielmehr zugestehen, daß
dem ind. *vŕkas* im griech. Ϝλάκος und im lat. *vulq* entsprechen
müßte'. Dies halte ich nicht für richtig, sondern ich möchte
mir vermutungsweise die schwierige Frage etwa so zurechtlegen:
Das idg. *$uélqos$ hatte zwei Schwächungen:
a) Reduktion: *$uəlqos$ in lit. *vil̃kas*, aksl. *vlъkъ* (ə = lit. ι, ksl. ъ,
woraus ъ) und germ. *wulfaz*, da ə = germ. *u* (s. u. § 109 ff.);
b) Schwundstufe: *$ulqos$, woraus ai. *vŕkah*; aus diesem *$ulqos$*
aber entwickelte sich neben der alten Form schon idg., wie es
scheint, die Nebenform *luqos* in lat. *lupus*, griech. λύκος. Diese
Form kam wohl dadurch zustande, daß *l̥* *u*-Farbe wegen der
beiderseitigen Nachbarschaft von Labialen annahm; daraus entstand ein Vollvokal, und das anlautende *u̯*- fiel ab; also wäre
folgende Entwicklung anzunehmen: *$u̯l̥qos$ > *$ul̥^uqos$ > *$uluqos$ >
luqos.

Wie dem aber auch sei, in der in Frage stehenden Gruppe
griechischer Wörter mit υ handelt es sich sicher um bereits
idg. Verhältnisse.

53. Ein ganz isolierter Fall ist endlich κύκλος, das sich
mit den anderen Formen nicht vergleichen läßt. Auch hier
dürfte υ auf ə beruhen, das zwischen zwei Labiovelaren ein-
gekeilt war. Grundform etwa *$q^uəq^uló$-, vgl. ai. *cakrám*, ags.
hwéol aus urgerm. *χ^uezwolá*-. Als im Griechischen der sekundäre
Akzent auf die Stammsilbe trat und so ə sich notwendigerweise
zum Vollvokal entwickeln mußte, nahm es wegen seiner besonderen Stellung die labiale Färbung an und ergab *u*. —

Sonstige Formen, die man ähnlich erklären wollte, sind
anders zu beurteilen, wie z. B. ζύμη, das Bally MSL. 12, 314
zu ζέω stellen wollte, oder ὕλη (*səlzu̯ā zu *silva*, a. a. O. 317 ff.):
ζύμη bleibt bei lat. *jūs*, und *silva* scheint mit griech. ἴδη zusammen gestellt werden zu müssen.

Wir hoffen damit angeführt zu haben, was für die oben
aufgestellte Regel sprechen dürfte, und glauben, daß nur *i*, *i̯*
dem reduzierten Vokal in ganz besonderer Stellung die *u*-Färbung
verlieh.

54. Schon OSTHOFF IFA. 6, 152 wollte ein i verantwortlich machen für das hier auftretende u-Timbre; doch irrte er,
wenn er meinte, das i müsse unmittelbar auf die Liquida folgen,
s. THUMB KZ. 36, 192. Leider hat er seine Ansicht, die er auf
dem Philologentag zu Köln 1895 vorgetragen hat, nicht ausführlicher entwickelt. So steht mir nur das sehr knappe Referat
IFA. 6, 152 zu Gebote. Darnach scheint OSTHOFF versucht zu
haben, die Lautgruppen -ῡρ- und -υλλ- als lautgesetzliche Vertreter eines idg. Komplexes -ṛi̯-, -l̥i̯- zu betrachten. Damit ist
aber nicht auszukommen, und THUMB KZ. 36, 192 war ganz im
Recht, wenn er diese Hypothese ablehnte. Offenbar hat man
bereits auf der Versammlung in der Diskussion diese Einwände
vorgebracht, und OSTHOFF mochte selbst die Unhaltbarkeit seiner
Lehre eingesehen haben, weil der angekündigte Aufsatz über
diese Frage nie erschienen ist.

Indessen war er doch auf rechter Fährte, insofern in der
Tat — wenn uns wenigstens nicht alles täuscht — ein i in
einer Anzahl von Fällen im Spiele ist; auch sah er, wie wir,
in der Doppelheit von cφῦρα : cφαῖρα, cύρω : caίρω u. dgl. Re-
duktion- und Schwundstufe, also eine doppelte Tiefstufen-
gestaltung.

55. Auch jener ersten Regel für die Entwicklung von ə
zu i ist man schon früher recht nahegekommen: denn EHRLICH
Z. idg. Betonung a. a. O. sah wenigstens F bei vorhergehendem
Verschlußlaut als Sonderbedingung an; er erkannte aber nicht,
daß nicht ε, sondern ə, ein reduzierter Vokal, dem i vorausging;
denn daß nicht (vollstufiges) ε in der Stellung vor Verschluß-
leut + F zu ι wurde, zeigen Beispiele, wie πελεκκάω zu πέλεκυς,
hom. ἔδδειcεν aus ἔδϜειc-, vgl. ΔϜεινίαc, τέτταρεc aus *τέτϜαρεc,
hom. εἶδαρ aus *ἔδϜαρ 'Köder' (wozu BRUGMANN-THUMB Gr. Gr.[4]
49 f. zu vergleichen ist).

Andrerseits hatte schon HIRT IF. 7, 154 geahnt, daß bei der
Alternation $e : i$ im Griechischen i oder υ im Spiel sei, doch ist
sein Material noch sehr dürftig, und im 'Ablaut' und seinen
späteren Arbeiten hat er sich ganz von dieser Behauptung los-
gemacht — das 1. Heft von IF. 7 war am 21. Juli 1896 ausgegeben werden —. So sagt er z. B. Ablaut 206, die griech. ι
ständen vor allem in Silben, die unmittelbar vor dem Ton
standen, und meint, 'daß diese Annahme die Schwierigkeiten
im wesentlichen löst'.

Im Vorwort zu seinem Ablaut aber erklärt er wieder, es seien statt drei doch wohl nur zwei schwache Vokale in der Reduktionsstufe der kurzen Vokale anzuerkennen, und empfiehlt dafür die Wahl der slavischen Zeichen ъ und ь. Persson Beitr. 146 denkt, wie gesagt, an ι, c, ʓ als Ursache des Wandels.

56. Den Hauptirrtum Kretschmers und Hirts und ihrer Nachfolger sehe ich aber darin, daß sie alle meinten, ε verhalte sich in den besprochenen Fällen zu ι wie o zu υ, daß also ι die Schwächung eines e und — doch offenbar unter den nämlichen Bedingungen — u die Reduktion eines einstigen Vollvokals o sei[1]). Diese Proportion wird von vornherein dadurch verhindert, daß u nur bei Nasal und Liquiden steht, wie wir dies bereits betont haben: der erste Nachweis aber für diese angeblich einander entsprechende Verwandlung eines $e > i$ und $o > u$ müßten gleiche Vorbedingungen, d. h. vor allem gleiche lautliche Umgebung sein; auch wurde nur geschwächtes e zu u, nicht geschwächtes o, wie dies unsere Belege erweisen. Daß wir es mit ə und nicht mit einer Wandlung von vollstufigem e zu tun haben, zeigt ja, daß 'prothetisches' i dasselbe Schicksal hatte, wie ə (z. B. ἴκτις, ἰκτῖνος, ἰχθύς), sowie natürlich die Tatsache, daß bei vollem e ein folgendes i oder u niemals Übergang in i bewirkt hat (vgl. etwa ἔχις, πέccω, ἔρις usw.). Am richtigsten von den seither geäußerten Ansichten war m. A. nach Fortunatovs Lehre KZ. 36, 34, daß ein von Schwa (ʋ) verschiedener 'irrationaler' Vokal — er schreibt α — im Griechischen 'unter dem Einfluß gewisser Konsonanten (der labialisierten und labialen)' zu υ, d. i. altem u, geworden sei. Leider hat er sich aber nicht weiter um die Feststellung dieser näheren Bedingungen bemüht, aber nur der Nachweis der Einzelheiten vermag hier wirkliche Klarheit anstelle unsicherer Vermutungen zu bringen.

57. Zur phonetischen Erklärung der beiden Regeln sei nur bemerkt, daß der irrationale Vokal in assimilatorischer Weise mit dem Vokal der Nachbarsilbe harmoniert: es handelt sich um Fernassimilationen. Auch wenn u, u folgte, mußte ι entstehen und nicht etwa υ, weil nämlich das Griechische entschieden Abneigung hat gegen eine Aufeinander-

---

[1]) Daher genügt auch die Ansetzung von ə anstatt e, o oder gar a, e, o: nur éin reduzierter Vokal liegt zugrunde, der teils zu i, teils zu u wurde, s. u. § 63.

folge von zwei υ-Lauten in ein- und demselben Worte: die Folge υ — υ wird im Griechischen fast immer beseitigt, sei es, daß ι — υ oder ο — υ das Ergebnis dieser Ferndissimilation ist (s. Curtius Grdz.⁵ 717 ff., de Saussure MSL. 7, 78, K. Froehde BB. 21, 195. 201, Niedermann Berl. phil. Wochenschr. 1907, 472; 1911, 1040; Hirt Handb.² 249 f.). Freilich äußern G. Meyer Gr. Gr.³ 152. 155 und Brugmann-Thumb Gr. Gr.⁴ 83, § 55 Fußn. 1. Zweifel, s. auch Brugmann Dissim. 169.

Fälle, wie τανύφυλλος, τανυϲτύϲ neben τανίφυλλος, τανίϲφυροϲ sind natürlich kein Gegenbeweis, da es sich um Komposita handelt. Neben dem kret. υἱύϲ steht sonst sehr bezeichnend auch υἱόϲ in den anderen Dialekten: der alte *u*-Stamm wurde meistens in die *o*-Deklination übergeführt. Hesychglossen, wie μυρμύρω oder κύκυον haben schon wegen des Itazismus wenig Beweiskraft. Das einzige Gegenbeispiel von anscheinend größerer Bedeutung ist γλυκύϲ. Aber dieses Wort hat nach Ausweis von lat. *dulcis* schwerlich alte *u*-Vokale. Über die Bildung dieses Wortes ist jedenfalls noch lange nicht das letzte Wort gesprochen.

58. Sonst aber scheint mir gerade auf dieser *u*-Dissimilation ein gut Stück altgriechischen Tonfalls zu beruhen: ihr Eintreten verleiht idg. Vorformen sofort das eigenartige, speziell hellenische Gepräge. Es liegt mir ganz fern, diese Frage hier ausführlicher behandeln zu wollen. Nur einige Beispiele gestatte man mir zur Stütze unserer oben gegebenen phonetischen Erklärung anzuführen, gerade weil Brugmann-Thumb a. a. O. ihre Zweifel äußerten. Gegenüber lat. *cuculus,* nhd. *Kuckuck,* lit. *kukúti,* aksl. *kukavica* heißt es nicht *κύκκυξ, *κυκκύζω, sondern κόκκυξ, κόκκυ, κοκκύζω. Das ai. *kókah, kokiláh* kann hier nicht angeführt werden, da die zwei *u* sich hier gar nicht finden, und da in dem indischen Worte auch kein fortwährender Einfluß des Vogelrufs selbst angenommen werden kann, wie in europäischen Sprachen. Nur in russischen Dialekten begegnet auch *kokúška* neben *kukúška,* ebenso im oberserbischen *kokula,* sonst zeigen alle Slavinen die beiden charakteristischen *u*; sogar osman. heißt es *kuku.* Wie das germ. Wort der Lautverschiebung getrotzt hat, weil man das lautnachahmende Wort dem stets gehörten wirklichen Ruf des Kuckucks anglich, so hätte es auch im Griechischen geschehen können, wenn eben die beiden υ — υ nicht störend empfunden worden wären.

59. Deutlich zeigt sich die Abneigung der Hellenen gegen die Aufeinanderfolge zweier υ in Reduplikationssilben: lat. *purpura*, nhd. *Purpur*, aber griech. πορφύρα, lat. *purpureus*, aber griech. πορφύρεος, lat. *purpurissum*, aber griech. πορφυρίζον. Ähnlich verhalten sich ai. *ululíh*, lit. *ulúti* 'heulen', lat. *ulula* 'Käuzchen', *ululāre*, *ulucus*, *ululātus* : griech. ὀλολυγαία, ὀλοφύρομαι, unredupliziert aber ὐλάω, ὐλακτέω. Auch in γογγύλος, γογγύζω (G. MEYER a. a. O. 152) ist Dissimilation eingetreten, während bei μορμύρω eine andere Möglichkeit vorliegt.

60. Andere Beispiele für Dissimilation von υ — υ in ο — υ sind m. A. : ὄλυρα 'Spelt' aus *ὔλυρα, ai. *urvárā* 'Fruchtfeld', aw. *urvara* 'Pflanze'. — τολύπη 'Knäuel', τολυπεύω aus *τυλύπη zu τύλος 'Wulst', τυλίσσω. — τορύνη 'Rührkelle' aus *τυρύνω zu dem in griech. τύρβα, nhd. *Quirl*, ahd. *thviril* enthaltenen Stamm. — φορύνω, φορύσσω 'besudle' zu φύρω dass. — πομφόλυξ : lit. *bumbulis* 'Wasserblase', vgl. auch βομβυλίς (bei Hes.). — πολύς verbinde ich engstens mit ai. *purú-* (idg. *pəlú-*), *πυλύς wurde, weil nicht ι, sondern υ folgte, zu πολύς dissimiliert. Abtönung scheint mir in diesem Falle nicht anzunehmen zu sein; den Ansatz idg. *-ll-* aber können wir, wie wir noch näher sehen werden, nicht anerkennen.

61. In einer anderen Gruppe wurde υ — υ vielmehr zu ι — υ dissimiliert, so z. B. in ἰθύς aus *ὐθύς, der Schwundstufe zu εὐθύς, anders BOISACQ, Dict. ét. S. 370. — cίκυς, cίκυος 'Gurke' aus *cύκυς, vgl. aksl. *tyky* 'Kürbis'. — λιγνύς aus *λυγνύς 'Qualm' zu λυγαῖος 'dunkel'. — δίδυμος aus *δύδυμος zu δύο. — ψιθυρός, ψιθυρίζω zu ψυθίζω, ψυθών, ψυθιςτής Hes., also aus *ψυθυρός. — μίτυλος : lat. *mutilus* (Hes. μύτιλος ist Umstellung von μίτυλος). — Att. inschr. Εἰλύθεια : Ἰλείθυα SCHULZE Qu. ep. 260 f. Es scheint fast, als ob ι — υ aus υ — υ gerne in der Nähe von Dentalen und dentalen Sibilanten entstanden sei, während ο — υ insbesondere bei der Nachbarschaft von Labialen, Labiovelaren und Gutturalen das Ergebnis der Dissimilation gewesen sein dürfte; doch ist es schwer und gewagt, bei Dissimilationserscheinungen, die nur eintreten **können**, nicht **müssen**, nähere Regeln zu versuchen.

62. Man hat längst beobachtet, daß im Akk. Sing. bei Homer εὐρέα statt εὐρύν bevorzugt wird. Wörter mit υ in der

Stammsilbe nehmen nur die Verkleinerungssilbe -αφιον (μυράφιον, ἀργυράφιον), nie das sonst begegnende -υφιον, BRUGMANN
Diss. 169 ff. Kret. μαίτυρ erklärt man ansprechend aus älterem
*μαύτυρ = *μάλτυρ, μάρτυς, und viele deuten ἔϜειπον aus *ἔϜευ-
πον = ai. *ávocam*.
Diese Beispiele, die keineswegs das Material erschöpfen,
mögen es rechtfertigen, wenn wir oben von einer Abneigung
der Griechen gegen die Vokalfolge υ—υ in ein und demselben Worte sprachen.

IV. Der reduzierte Vokal ə im Griechischen, Italischen und Keltischen (spontane Vertretung).

63. Es ist die Annahme HIRTS Ablaut S. 15, § 28;
Handb.² S. 105 ff. und BRUGMANNS Kvgl. Gr. § 213, 1 b, daß man
als Reduktionen zu idg. vollstufigen *a, o a* auch drei reduzierte
Vokale *e o a* annehmen müsse; während BRUGMANN dies nur theoretisch tut und lehrt, diese *e o a* seien alsbald wieder zu den
entsprechenden Vollvokalen *e, o, a* geworden, ist HIRT vielmehr
bemüht, diese *e o* nachzuweisen. Zwar meint auch er, *a* sei wieder
zu *a* geworden (§ 107, S. 107) : ἐπακτός, lat. *actus* : ἄγω, und
deshalb zweifelt er im Vorwort zu seinem Ablaut geradezu,
ob man nicht mit zwei reduzierten Vokalen, also nur mit *e o*,
auskommen könne (S. V.), ein Beweis für seine Unsicherheit
in der Beurteilung dieser Frage.
Diese *e* und *o* glaubt er also — im Gegensatze zu BRUGMANN
— nachweisen zu können, nämlich in den griechischen Vokalen
ι und υ, die mit *e* und *o* wechseln: πίσυρες enthalte *e* wegen
τέτταρες, aber νυκτός 'der Nacht' *o* wegen *nox*, got. *nahts* usw.
Es ist klar, daß nach unseren Untersuchungen in den beiden
vorherigen Abschnitten diese Lehre unhaltbar geworden
ist; denn wir hoffen gezeigt zu haben, daß diese griechischen
ι- und υ-Vokale nicht unter denselben Bedingungen entstanden
sind. Es hat sich uns herausgestellt, daß wir nur éinen reduzierten Vokal ə annehmen dürfen, der unter besonderen kombinatorischen Bedingungen bald zu ι, bald zu υ werden mußte.
Denn sobald diese verschiedenen Sonderbedingungen einmal
nachgewiesen sind, hört natürlich jede Berechtigung zum An-

satze eines $_o$ auf, da wir rein theoretische Annahmen allein zugunsten eines Systems nicht gelten lassen. Es braucht daher
nicht weiter betont zu werden, wieviel Not HIRT mit dem wirklichen Nachweis seines reduzierten $_o$ hat; denn außer diesen
Fällen im Griechischen weiß er nirgends sein $_o$ noch nachzuweisen; man fragt vergebens, was denn $_o$ z. B. im Italischen
ergeben haben soll, darüber vermissen wir jede näheren An-
gaben. Auch PERSSON kommt über ein unsicheres Schwanken,
ob er v, $ə$ oder $_e$ ansetzen solle, nicht hinaus (Beitr. 137 ff.).

64. Somit streichen wir wie $_a$ auch $_o$ von der Liste der
voreinzelsprachlichen Vokale und reden nur von einem reduzierten Vokale der 'e-Reihe'; für Freunde der Symmetrie läßt
sich immerhin hervorheben, daß die sogenannten 'leichten
Reihen' genau so behandelt werden, wie die schweren: in
beiden zerfällt die Tiefstufe in zwei Grade, in die Reduktion-
und Schwundstufe; das Schwächungsprodukt aus $\bar{a}$, $\bar{e}$, $\bar{o}$ ist
éin Vokal, das *Schwa grave v* (ar. i, europ. a), das Schwächungsprodukt aus a, e, o ist gleichfalls éin reduzierter Vokal, das
Schwa leve oder wie wir sagen wollen, das *Schwa secundum*, $ə$,
dessen weitere Geschicke wir noch im einzelnen zu untersuchen haben.

Schematischer Überblick:

A) 1. Normalstufe : idg. $\bar{a}$, $\bar{e}$, $\bar{o}$;

2. Tiefstufe $\begin{cases} \text{a) Reduktion:} & v \\ \text{b) Schwundstufe:} & \text{— (Ausfall des } v) \end{cases}$

B) 1. Normalstufe : idg. a, e, o.

2. Tiefstufe $\begin{cases} \text{a) Reduktion:} & ə. \\ \text{b) Schwundstufe:} & \text{— (Ausfall des } ə). \end{cases}$

Allein diese Symmetrie bewiese natürlich an sich nichts,
wenn sich die einzelnen Tatsachen und Annahmen eben nicht
wirklich nachweisen ließen; ist dies aber, wie hier, der Fall,
dann kann immerhin eine solche Regelmäßigkeit der Lehre zur
Empfehlung dienen.

65. Eine seltsame Unklarheit herrscht bei HIRT auch
über die Vertretung des $_e$: so sagt er Ablaut S. 15, § 28, neben
ε in πεκτός, ἔτεκον, πετών, δέδορκα erscheine auch i; ähnlich
lesen wir Handb.² 105, § 106, meist bleibe $_e$ und werde wie e
behandelt: ἐκτός : ἔχω, πεζός aus $p_e di\acute{o}s$; in anderen Fällen
zeige das Griechische ι, das Lat. a; es ist also HIRT nicht mög-

lich, diese 'anderen Fälle' scharf zu umgrenzen. Durch unseren Nachweis besonderer Bedingungen für das Auftreten von *i* ist diese Schwierigkeit, wie wir hoffen, beseitigt. Wie aber, so fragen wir nun weiter, ist *ə* spontan im Griechischen vertreten? **66.** Zweifellos durch -α-, wie auch Persson Beitr. 138 ff. annimmt. Dabei ist nicht, wie Osthoff MU. 6, 212 noch meinte, ein Unterschied zu machen, ob das *ə* nach Liquida oder Nasal erscheint oder nach Konsonanz: die ι von πίϲυρεϲ oder ϲκίδναται sind nur unter kombinatorischen Bedingungen aus *ə* erwachsen; spontan wird *ə* zu griech. α. Belege sind

1. bei Nasal: κνάφοϲ, κναφεύϲ, κνάπτω gegen κνέφαλλον. Der Fall ist umso weniger anzuzweifeln, als im Litauischen genau dasselbe wiederkehrt in dem Verhältnis von *knebénti* 'klauben' zu *knibù, knìpti*, wie dies vor Osthoff a. a. O. schon Joh. Schmidt Krit. 86 gesehen hat. *knabéti* 'schälen, abpellen', *knabùs* 'langfingerig' enthalten wohl idg. *v*, was wegen Persson Beitr. 140 bemerkt sei: von lit. *knẽpti* 'kneifen' bleibt *knibù, knìbti* 'zupfen, klauben' schon wegen der Bedeutung fern. An diesem Beispiel ist nicht zu rütteln; alle Versuche, es als Analogiebildung zu begreifen, sind nicht überzeugend (Brugmann Grdr.[2] 1, 394), und diese sind lediglich deshalb unternommen, weil man mit den Ablautverhältnissen nicht ins Reine kam. Man muß auch auf die gesamte Behandlung eines Problems sehen, wie wir sie hier versuchen; am einzelnen Beispiel ist es schließlich stets leicht, auf andere Möglichkeiten hinzuweisen: ich sehe den Beweis für die Richtigkeit dieser Gleichung darin, daß sie eine ganz einfache Erklärung ermöglicht und sich ungezwungen in einen größeren Zusammenhang einreihen läßt. —

μέζεα 'männliche Schamteile' gegen μαζόϲ könnte sich wohl erklären, wenn man von idg. **mezd-* 'fett sein' ausgeht. Reimwortbildungen S. 17 f. glaube ich gezeigt zu haben, wie sich die Schwierigkeiten in der Erklärung von griech. μαζόϲ, μαϲθόϲ und μαϲτόϲ erheblich vermindern, wenn man, der Bedeutung Rechnung tragend, zwei idg. getrennte Wortstämme **měd-* 'naß sein' und **mazd-* 'fett sein' ansetzt. Gehen wir nun statt von idg. **mazd-* besser von **mezd-* aus, so gelingt es auch griech. μέζεα zu erklären, das ich a. a. O. wegen der Lautgestalt noch abtrennen wollte. μαζόϲ muß dann auf idg. **məzdós* zurückgeführt werden, dagegen gehören μήδεα, μαϲτόϲ zur Parallelwurzel *mĕd-* 'naß sein', und zwar μαϲτόϲ aus idg. **məd-to-* oder **mʋd-to-* wegen ai. *médas-, médhas-,* über deren weiteres Verhältnis man Reimwortb. 17 ff. nachsehen möge. —

ναίω, ἀπενάϲϲατο, dor. ναόϲ, aiol. ναῦοϲ < **ναϲ-Fόϲ zu νέομαι (s. Osthoff MU. 6, 212, Persson Beitr. 140, aber ai. *nāsatya-* bleibt fern!). Brugmanns Versuch, auch diesen Fall aus sekundärer Analogiewirkung zu erklären (Gr. Gr.³ 84), ist an sich schon unwahrscheinlich, weil in ἄϲμενοϲ nicht das ν- der Normalstufe eingeführt ist, wie das in ναίω, νάϲϲομαι, ἐνάϲθην usw. geschehen sein soll: α < *n̥* war gemeingriech. entwickelt, so daß man sich in histor. Zeit der morphol. Verwandtschaft eines **ἀϲɪ̯ω* mit νέομαι unmöglich bewußt sein konnte. —

Hom. κάγκανοϲ, καγκαλέα · κατακεκαυμένα Hes.: κέγκει · πεινᾷ Phot., lit. *keñkia* 'es tut weh' (Stamm **keʋk-*). —

Auch die Gleichung κύανοϲ = lit. *szvìnas* 'Blei' (vgl. K. Jaunis Arch. f. slav. Phil. 3, 196, Mikkola IF. 16, 98) gehört hierher, da im Litauischen *ə* durch *i* vertreten ist, wie unten § 115 gezeigt werden wird (idg. **k̑(u)u̯ənos*). —

χανδάνω 'fasse' gegen χείϲομαι (und mit Tiefstufe ἔχαδον), lat. *prehendo,* alb. *ǵendem* 'werde gefunden', cymr. *genni* 'contineri, comprehendi, pati'. Dasselbe *a = ə* auch in cymr. *gannu* 'continere' und air. *gataim* 'nehme weg', s. u. § 85, 6. —. Griech. κάνδαροϲ · ἄνθραξ Hes. wie lat. *candeo,* cymr. usw. *cann* 'weiß': ai. *cand-* 'leuchten', *candráḥ* 'glänzend', subst. 'Mond'; lat. *in-, accendo,* [*cicindēla* aber aus älterem *cand-*] (idg. **qend-* : **qənd-*).

67. 2. Fälle, die griech. α = idg. *ə* in rein konsonantischer Umgebung zeigen, sind nicht häufig. Das versteht man aber, wenn man berücksichtigt, daß in diesem Falle schon vorgriechisch meistens der normalstufige Vokal eingeführt worden war, z. B. ποδόϲ aus älterem **pədos,* wie lat. *pedis,* ἐκτόϲ zu ἔχω usw. Ob Persson Beitr. 143 καπνόϲ mit Recht auf **kəpnós* zurückführt, ist mir wegen der vielen Längen bei dieser Sippe fraglich (die Basis war doch wohl **keu̯ēp-* oder ähnlich); immerhin vgl. lit. *kvepiù, kvepéti* 'duften', ai. (Gr.) *kapi-* 'Weihrauch', russ. *kópotь* 'Ruß, Staub', lat. *vapor,* arm. *k̑ami* 'Wind' s. Walde Wb.². 807, Berneker Et. Wb. 565. 678. Ist dieses Beispiel also zweifelhaft, so scheint mir dagegen der Gegensatz von griech. ϲφαδάζω gegen ϲφεδανόϲ, ϲφενδόνη (Persson a. a. O. 414, Verf. Reimw. 58) recht beweisend zu sein. Ferner erkläre ich mir das bisher ganz unklare Verhältnis von γέ zu böot. dor. el. γα auf diese Weise: γα aus *gə war wohl eine in der enklitischen Stellung entstandene Reduktion zu dem normalstufigen *ge*. Auch lit. *-gi* könnte man wie griech. γα erklären. Daß sich hier seit idg. Zeit mehrere, ähnlich lautende, geradezu reimende Partikeln finden (s. ai. *gha, -ha*, slav. *-že, -go, -ga*, griech. δέ, s. BRUGMANN KvglGr. 621, und u. Abschnitt IX), ist nicht zu verkennen.

Vor allem aber gehört hierher διδάσκω aus *δι-δάκ-σκω, διδαχή < *δι-δακ-σκή zu δοκ-έω, δόγμα, ἔδοξα, δόκιμος, lat. *doceo, decet*, umbr. *tiçit* 'decet', ai. *daśasyáti* 'ist gnädig'. Somit erklärt sich einfach und leicht das sonst so schwer deutbare α, s. WALDE Wb.² 223. In der reduplizierten Form *di-dək-skō war das *e* geschwächt worden. Dieser Erklärung günstig ist es, daß auch im Keltischen, wie wir noch sehen werden, verwandte Bildungen zu diesem *dek̂-* Schwa secundum zeigen: mir. *deg, dech* 'beste' : ir. *dag* 'gut', cymr. *da* dass. (s. u. § 85).

Bei Fάςτυ, das PERSSON Beitr. 143. 146 noch anführt, möchte ich wegen des so unmittelbar verwandten ai. *vástu-* vielmehr idg. *v* annehmen. Vgl. im übrigen PERSSON a. a. O., der S. 134 auch λάγνος, ir. *lacc* gegen λέγνος · ἄνανδρος, cῖτος ὁ μὴ ἁδρός Hes. als Beleg für griech. α aus idg. *ə* anführt. —

68. Es ist längst bekannt, daß im Lateinischen in recht zahlreichen Fällen ein *a* in der 'e-o-Reihe' vorkommt, und man hat dies geradezu eine Störung oder 'Abnormität' genannt. Von den anderweitigen Versuchen, diese 'unregelmäßigen' *a* des Lateinischen zu erklären, verdient höchstens eine angebliche Regel Erwähnung, die zuerst von WHARTON aufgestellt und dann von COLLITZ Transact. of the Americ. Phil. Assoc. 27 (1897), 92 ff. weiter behandelt wird. Indessen ist man im allgemeinen von diesem Gesetze, ein idg. *e* oder *o* vor dem idg. Hauptton sei im Latein (bzw. Italischen) zu *a* geworden, keineswegs überzeugt, und ich wäre gar nicht darauf eingegangen, hätte nicht PEDERSEN KZ. 38 (1902), 416 ff. diese WHARTON-COLLITZsche Regel für 'offenbar richtig' erklärt. Indessen fügt er gleich hinzu: 'allerdings sind die Bedingungen dieses Gesetzes noch nicht richtig formuliert'. Er seinerseits vermutet, ohne sich über die Einzelheiten viel Sorge zu machen, der Lautwandel sei nicht eingetreten bei anlautendem *e* in offener Silbe vor einem Guttural und in offener Silbe zwischen Dental und Labial.

69. Doch ist diese Vermutung viel zu wenig begründet, als daß man sie ernstlich zu widerlegen nötig hätte. Wenn

PEDERSEN wegen *tepeo* meint, *e* zwischen Dental und Labial in offener Silbe sei geblieben, so muß er annehmen, zwischen Labial und Dental aber sei *e* zu *a* geworden; denn es heißt *pateo*. HIRT Abl. 16, § 30 Anm. 1 wendet mit vollem Recht ein, die Kausative *monēre*, *docēre* hätten *o*-Vokalismus trotz sicherer Endbetonung. Vgl. Verf. IF. 37, 36. 47. PEDERSENS Hinweis auf die russ. Anfangsbetonung in Kausativen, wie *tópit*, *nósit* (?) ist keineswegs imstande, diesem Einwand die Spitze abzubrechen, da die arischen Formen viel mehr Gewicht haben als diese russischen, und da vor allem die Vokalstufe, die *o*-Abtönung, die Unursprünglichkeit dieser slavischen Betonung erweist. (S. auch SOMMER, Handb.[2] S. 96, PERSSON Beitr. 137 A., VONDRÁK Vgl. Gr. 1, 171.)

Zudem läßt sich sonst keine Wirkung idg. Betonung im Lateinischen nachweisen, so daß es wahrlich stärkerer Beweise bedürfte, als diese Vermutungen, um ein so wichtiges Prinzip fürs Latein zu stützen. Es heißt lat. *octō* trotz griech. ὀκτώ, ai. *aṣṭā́*, und dieses Beispiel wiegt schwerer als alle jene zweifelhaften Fälle, die sich, wie wir sehen, leicht in ganz anderer Weise erklären. Dieses WHARTONsche Gesetz wird also mit vollem Recht von SOMMER Handb.[2] 96, § 73 (mit Lit.) abgelehnt.

70. Wir unterscheiden bei der Prüfung der einzelnen Belege die Stellung zwischen Konsonanten (nach OSTHOFFS Ausdruck die 'patēre-Gruppe' MU. 6, 211 ff.) von der Stellung bei Nasal und Liquida ('magnus-Gruppe'). An Literatur ist aus neuster Zeit noch REICHELT KZ. 46, 1 ff. hinzugekommen.

A. ǝ zwischen Verschlusslauten ('patēre-Gruppe').

71. 1. Daß griech. πίτνημι nicht, wie EHRLICH wollte, erst einzelsprachlich aus *πτνάμι entstanden sein kann, haben wir bereits oben (§ 44) damit erwiesen, daß auch im Italischen (und Keltischen[1]) dasselbe Verbum in derselben Ablautsstufe — oder vorsichtiger gesagt, mit einer ganz ähnlichen 'Abnormität' des Vokalismus — begegnet, mithin ist dieses Beispiel schon ursprachlich: wie πίτνημι sich zu πέταλον, πέτασσαν

---

[1]) In mcymr. *adaued* 'Fäden', s. u. § 85.

verhält, so verhalten sich osk. *patensíns* 'aperirent', lat. *patēre,
patulus, pando*, osk. *Patanae* = lat. *Pandae* zu dem in der
Vollstufe mit *e* anzusetzenden Stamme; schon in idg. Zeit hat
sich vor der Doppelkonsonanz ein kurzer Vokal gehalten, die
Heischeform idg. *pǝtnā̆-* (vgl. πίτνημι, osk. *patensíns* aus **patnesēnt*)
ist also sicher gestellt. Die Nasalierung in *pando, Panda* hängt
mit der Bildung des Verbums nach der *nā*-Klasse zusammen;
denn es ist längst beobachtet, daß zwischen *nā*-Bildungen und
solchen mit 'infigiertem *n*' nach der Nasalklasse eine alte
Verwandtschaft besteht. Wenn BRUGMANN IF. 28, 370 meint,
bei *pateo* frage es sich, welches sein historisches Verhältnis zu
pando, passum[1]) gewesen sei, und ob es nicht diesem sein *-a-*
verdanke, so vergißt er, daß der Hauptnachdruck auf der Gleichung osk. *patensíns* : griech. πίτνημι liegt, der einer solchen Erklärung mit einzelsprachlicher Analogiewirkung im Wege steht.

72. 2. Ein weiteres idg. Beispiel ist lat. *quattuor* gegenüber von τέτταρες, air. *cethir*, cymr. *pedwar*, osk. *petora*. Auch
hier ist wieder das erste der Hinweis, daß die 'Unregelmäßig-
keit' im Vokalismus dieses lat. Zahlworts im Griechischen
wiederkehrt (s. o. S. 24), daß wir also auch hier ein voreinzelsprachliches Beispiel haben: πίσυρες zu τέτταρες = *quattuor* : osk. *petora*.

Und auch im Slavischen ist hier noch eine Spur dieses
Ablauts nachzuweisen; denn OSTHOFF MU. 6, 212 hat mit Recht
auf čech. *čtyři*, poln. *cztery* verwiesen, die man auf slav. **čъtyr-*
zurückführt[2]). Dieses urslav. **cъtyre* verhält sich also zu aksl.
četyre, wie πίσυρες : τέτταρες oder *quattuor* zu osk. *petora*. Diesen
Ansatz **čъtyre* haben vor OSTHOFF schon andere gelehrt, wie
MEILLET MSL. 9, 158, FORTUNATOV KZ. 36, 35, VONDRÁK Vgl. slav.
Gr. 1, 37, PEDERSEN KZ. 38, 420, und zuletzt vertrat ihn auch
BERNEKER Et. slav. Wb. 153.

73. BRUGMANN, der diese Zusammenstellung OSTHOFFS als
'sehr kühn' bezeichnet (IF. 28, 370), meint, es sei einzeldialektisch
in den slav. Wörtern infolge des Haupttons der folgenden Silbe *e*
geschwunden, wie in čech. *ho*, poln. *go* aus *jeho, jego* u. ä. Indessen verbietet diese Annahme doch die Rücksicht auf die
Chronologie, da diese Form **čъtyre* vor der speziell polnischen
und čechischen Sprachperiode vorhanden gewesen sein muß;

---

[1]) Die Erweichung von *-nd- (pando)* aus *-nt-, -tn-* macht natürlich
keine Schwierigkeit; ich verweise nur auf SOMMER Handb.[2] 235, § 131.

[2]) Dazu noch alb. *katre* s. u. § 120.

beide Formen sind sicher nicht unabhängig voneinander entstanden. Brugmann versucht, um der ihm so unangenehmen
Ansetzung von idg. ə in diesem Falle zu entgehen, auch lat.
quartus auszuspielen, das lautgesetzlich *a* entwickelt und
dem Kardinale dann mitgeteilt haben könne: dem lit. *ketvir̃tas*
entspreche ein lat. **quetu̯ortos*; dies mit Silbendissimilation zu
*queu̯ortos; da *eu̯* zu *ou̯* sich wandelt, sei dies zu **quou̯órtos* geworden, und nun sei *a* aus vortonigem *ou̯ ⌣* entstanden, wie in
ovis : *avilla*, so hätten wir also **quau̯órtos*; diese erschlossene Form
soll, falls sie nicht unmittelbar zu *quartus* kontrahiert worden sei,
auf die Nebenform **quortus* in prän. *Quorta* gewirkt haben, so
daß **qortus* zu *quartus* wurde; dann aber sei **quau̯ortos* verloren gegangen. Ich muß gestehen, daß dieser Versuch, *quartus*
zu deuten, meiner Ansicht nach viel zu umständlich und hypo-
thetisch ist, um richtig sein zu können.

Der wichtigste, historisch gegebene Punkt innerhalb des
Italischen für die Deutung von *quattuor* ist das praenestinische
Quorta. Wenn uns *quortus* und *quattuor* (mit *t*-Verdoppelung
vor *u̯*) historisch gegebene Größen sind, so ist für jeden, der
unvoreingenommen diese Formen betrachtet, *quartus* die leicht
verständliche Umbildung von *quortus* durch *quattuor*. Mit vollem
Recht bezeichnet daher auch Sommer Brugmanns umständliche
Hypothese als 'unwahrscheinlich' (Handb.² 472, § 299, 4).

74. 3. *assyr*, *asir* gehört zu griech. ἔαρ, ai. *ásr̥k*, lett.
asins 'Blut', s. Reichelt KZ. 46, 320 f. Brugmann bemerkt wegen
dieses Belegs a. a. O., es könne wegen des *-s-* nicht echtlatei-
nisch sein und daher nichts für den lateinischen Vokalismus
beweisen. Beide Gründe sind nicht stichhaltig; denn *asser*,
assyr, *assarātum* werden eine *s*-Verschärfung enthalten; die
Geminate wird bei diesem starke Stammabstufung zeigenden
Worte in der Flexion entstanden sein (vgl. ai. *ásr̥k* : *asnáḥ*).
Auch kann dissimilierender Einfluß des *r* im Spiele sein, der
auch in *miser* gegen *maestus*, auch wohl in *caesaries* ~ ai.
késaraḥ 'Haar' den Rhotazismus untersagt hatte.

Selbst wenn man aber mit Ernout Él. dial. du Voc. Lat. 114
und Walde Wb.² 64 dialektische Herkunft dieses Wortes annähme,
so verlöre gleichwohl die Form ihre Beweiskraft nicht; denn
dieser Wandel von ə zu lat. *a* war sicher gemeinitalisch und
keineswegs nur speziell römisch; dies beweisen osk. *patensíns*
und wohl auch umbr. *tapistenu* : lat. *tepēre*, osk. **tefúrúm**. So

dunkel oder unsicher auch der genauere Sinn dieses Wortes sein mag, daß es zum Stamme von *tepēre* gehört, bleibt doch ziemlich wahrscheinlich, namentlich bei dem vorausgehenden: *esunu uřetu* (Ig. T. 4, Z. 30) 'sacrificium adoleto'. Auch osk. *kahad* 'capiat, incipiat' gegen lat. *incohāre* dürfte ǝ enthalten, da ich an idg. Parallelformen wie *kagh-*, *kogh-* nicht glaube, vgl. auch umbr. *abrof*.

Wem das zu fraglich ist, der halte sich nur an *patensíns*, und so würde selbst dialektisches *assyr* seine Beweiskraft behalten.

75. Auch *aper* gegenüber germ. (ahd.) *ëbur* ist ein gutes Beweisstück, das zugleich in umbr. *abrof*, *apruf* 'apros', *abrunu* 'aprum' wiederkehrt. Denn daß *aper* für *eper nach *caper* eingetreten sein soll (Skutsch Vollmöll. Jahresber. 5, 67), halte ich für ganz unwahrscheinlich, eben deswegen, weil das *a* in *caper* nicht erst lateinisch, sondern sicher gemeinitalisch war. Auch darf die Bedeutungsverschiedenheit nicht übersehen werden: denn *aper* ist das 'wilde Schwein' und konnte daher mit *aper* 'Ziegenbock' kaum häufig zusammengenannt werden, etwa wenn vom Kleinvieh im Gegensatz zu den Rindern die Rede ist. Auch ein Hinweis auf griech. κάπρος (hom.) 'Eber' für die Bedeutung des lat. *caper* 'Bock', *caprea* 'Ziege' kann diese angebliche Einwirkung eines ital. *caper* auf *eper nicht wahrscheinlicher machen; denn hier liegt die Neuerung auf seiten des griechischen Wortes, wie aisl. *hafr* 'Ziegenbock', cymr. *caer* 'Bock' in *caer-iwrch* 'Rehbock' u. a. beweisen. Daß *aper* ein dialektisches Wort gewesen sein soll, ist zudem bei dem Namen eines wilden, nicht domestizierten Tieres an sich schon trotz *lupus* nur eine Art Notbehelf; aber wegen umbr. *apruf*, *abrunu* würde diese Ausflucht nicht einmal helfen, und die Annahme, in irgend einem italischen Dialekt sei *e* zu *a* geworden, ist ebenfalls sehr unwahrscheinlich; und selbst einmal zugegeben, *aper* 'könnte, wie andere lat. Tiernamen, ein "dialektisches" Wort gewesen sein' (Brugmann IF. 28, 370), so müßte das umbrische Wort von dem lateinischen getrennt werden, da idg. *e* auch im Umbrischen erhalten bleibt, oder man müßte auch das umbrische Wort als Entlehnung aus jenem nicht nachweisbaren Dialekt bezeichnen, der idg. *e* spontan zu *a* verwandelte: das alles aber wären ganz haltlose Kombinationen. Aber auch die Annahme, *aper* und *caper* seien 'Reimwörter', ist eben wegen des gemeinitalischen Alters von *aper* nicht ein-

leuchtend, weshalb ich in meinen 'Reimwortbildungen' diesen
Fall ausgeschlossen habe; jedenfalls verdient all diesen Deu-
tungsversuchen gegenüber die Zurückführung von *a* auf ə weit
den Vorzug.

76. *caterva* 'geschlossener Haufe, Schar, Truppe', umbr.
kateramu 'congregamini' gegen air. *cethern, cethernach* 'Truppe'.
BRUGMANN a. a. O. hält den Fall ebenso wie *quattuor* für wenig
beweisend, indessen stimmen Bedeutung und Form so trefflich,
daß wir dieses Beispiel keineswegs aufgeben können, s. auch
SOMMER Handb.² 54; WALDE Wb.² S. 140 s. v.

77. Das Beispiel, das BRUGMANN IF. 28, 369 vor allen
Dingen beseitigen wollte, ist *castrāre*. Man hat dieses Wort
seit FRÖHDE KZ. 23, 310 als ein Denominativum eines etwa als
lat. **castro-* anzusetzenden Substantivs angesehen, das Laut für
Laut in ai. *śastrám* 'schneidendes Werkzeug, Messer, Dolch'
usw. vorliegt. Ferner sind verwandt griech. κεάζω, κέαρνον,
ir. *ceis* 'Speer' aus **kesti-* und erweisen demnach einen Stamm
idg. *k̑es-* 'schneiden'. BRUGMANN a. a. O. 371 fragt, woher das *a*
stamme, und gibt ausdrücklich zu, daß er diese Etymologie von
castrāre nur deswegen nicht annehmen könne, weil er an ə als
die Reduktionsstufe von *e* nicht zu glauben vermag.

Da aber, wie ich im Vorhergehenden gezeigt zu haben
hoffe, seine diesbezüglichen Bemühungen keinen Erfolg hatten,
so können wir seinen Standpunkt nicht teilen und erkennen
FRÖHDES sicher gefügte Deutung und auch THURNEYSENS weitere
Heranziehung von lat. *careo*, osk. *kasid* 'oportet', lat. *castus* (Thes.
ling. lat. s. v.) nach wie vor als die beste Erklärung an. Die Versuche BRUGMANNS, für *castrāre* anderweitige etymologische Verwandtschaft zu ermitteln, können sich mit dieser Deutung nicht
messen, insbesondere sind sie schon deswegen nicht überzeugend,
weil dem Leser die Wahl gleich zwischen drei Etymologien
gelassen wird; ich fürchte aber, daß dieser Überfluß keiner
der drei Vergleichungen zugute kommt; denn es ist schließlich
nicht allzu schwer, bei einem Stamme *k̑es-* mit einer so allgemeinen Bedeutung 'schneiden' bei einigem guten Willen
eine Etymologie aufzustellen, die an sich nicht gerade völlig
ausgeschlossen ist.

78. *sacēna, saxum* gehören zu *secāre, segmen, segmentum*.
BRUGMANN meint, um dieses Beispiel zu entkräften, wegen aksl.
sěką, lit. *sÿkis*, lat. *sīca* liege neben *seq-* auch eine schwere

Basis *sē(i)q-*, mithin seien bei diesem Worte andere Ablautsverhältnisse vorauszusetzen.

So bündig diese Erklärung auch zu sein scheint, so geht
sie bei unserem prinzipiellen Standpunkt STREITBERGS Dehn-
stufentheorie gegenüber doch an dem eigentlichen Ziel vorbei;
denn schließlich könnte man auch fast bei allen anderen Fällen
ähnliche Voraussetzungen machen, da wir schon oben ausdrücklich das Vorkommen von Längen und daher auch von
Schwa (*v*) in leichten Reihen zugegeben und an Beispielen aus
dem Sanskrit erläutert haben (s. o. § 22 ff.). Trotzdem fürchte
ich keineswegs, daß man etwa alle diese auffallenden *a* des
Lateinischen auf *v* wird zurückführen wollen. Vom Standpunkt
des Latein freilich ist *v* und *ə* nicht mehr auseinanderzuhalten;
schon vorhistorisch waren beide Murmelvokale zusammengefallen:
die naheliegende Frage, ob denn überhaupt der Ansatz zweier
Reduktionsvokale *v* und *ə* notwendig sei, müssen wir noch so
lange offen lassen, bis auch die anderen idg. Sprachen in diesem
Punkte befragt worden sind, und vorläufig nach dem Grund-
satze 'besser auseinanderhalten als zusammenwerfen' die beiden
Schwa-Laute scheiden, ohne die Möglichkeit einer Gleichsetzung
zunächst aus dem Auge zu verlieren (§ 194).

79. Der Hinweis auf die Länge in aksl. *sěką* will also
bei der Beurteilung von *secāre*, *segmentum* und ihrem Verhältnis
zu *sacēna saxum* wenig besagen, da man eben *sik-* in *sīca* usw.
nicht mit *sek-* (*seco*, *secūris*) ohne weiteres verbinden kann. Somit ist die Beziehung von *secāre* und *sacēna* in ein und derselben Sprache beweisender als ein Hinweis auf stammähnliche
in anderen idg. Sprachen. Ahd. *sahs*, ags. *seax* usw. ist in
seinem Vokalismus doppeldeutig; die Anreihung von aksl. *socha*
bleibt auch nach PERSSONS Ausführungen (Beitr. 140 f.) recht
zweifelhaft.

80. Einen idg. Ablaut *a* : *o* glauben wir leugnen zu müssen
(Verf. IF. 37, S. 80 ff., § 115 ff.). Was einzelsprachlich diesen Vokal-
wechsel aufweist, beruht auf keiner altidg. Abtönung in der '*a*-
Reihe', sondern auf der Bildung junger Ablautsneuerungen, bewirkt und ermöglicht durch Zusammenfall alter, einst verschiedener Laute. Gerade unser Schwa secundum kommt im Italischen zur Erklärung des sekundären Ablauts *a* : *o* in Betracht.
So trifft dies zu in *capus* 'Kapaun', *capo*, *capulāre* zu griech. κοπάς,
κοπίς, κόπανον, σκέπαρνον; auch begegnen dehnstufige Formen,

4*

was manchem diese Annahme noch unbedenklicher wird erscheinen lassen.

Ebenso erkläre ich mir *badius* 'kastanienbraun' gegenüber air. *buide* aus **bodius* 'gelb', *Bodiocasses* : *badius* läßt sich ohne weiteres auf **bødios* zurückführen. Auch in lat. *scabo, scabiēs* gegen *scobis, scobīna* liegt idg. *ə* vor; die 'Basis' scheint *skob-* zu sein, worauf aksl. *skoblь* 'Schabeisen', got. *skaban*, ahd. *scaban* usw., lit. *skabùs* 'scharf', *skabù, skabéti* 'schneiden' hindeuten. Endlich sei noch osk. ta n g i n ú d 'sententia' im Gegensatze zu lat. *tongeo*, prän. *tongitio*, got. *þagkjan*, ahd. *denchan*, nhd. *denken* usw. erwähnt; *tang-* wieder aus *tøng-*; osk. *kahad* 'capiat, incipiat' gegen lat. *incohāre* wurde schon oben § 74 erwähnt[1]).

B. ə bei Nasal und Liquida ('*magnus*-Gruppe').

81. Lat. *magnus* gegenüber griech. μέγας, got. *mikils* usw., arm. *mec*. Was den Erklärungsversuch Brugmanns Grdr. 2¹, 407 betrifft, das auffallende lat. *-a-* von *magnus, magis, maior* aus **magiōs* sei von urital. **mais* in osk. *mais*, umbr. *mestru* übertragen, so hat Osthoff MU. 6, 224 diesen Ausweg als ungangbar nachgewiesen, und ich kann im allgemeinen auf seine erschöpfenden Ausführungen verweisen; insbesondere kann ich mich ihm nur durchaus anschließen, wenn er erklärt, selbst angenommen **mais* (mit diphthongischem *ai*!) und ein dazugehöriger suppletivischer Positiv ital. **megnos* hätten sich im Vokalismus ausgeglichen, so könne nur **maignos*, aber nicht *magnos* das Ergebnis dieser Wirkung sein. Ferner aber ist es Osthoff gelungen, auch im Keltischen die Vokalfärbung *a* in dieser Sippe von griech. μέγας nachzuweisen, nämlich in mir. *maighne* 'groß' aus urkelt. **maginios*, *maige* dass. aus **magio-*, gall. *Magiorix, Dunomagios* und gall. *Maglo* (Dat. sing.), *Magalu* (Dat.), *Magalus* u. a. Auch daß das Verbum air. *doformaig* 'auget' dazu gehört, weiß Osthoff a. a. O. recht glaubhaft zu machen. Mit Collitz' Erklärung, die wir ja auch oben von vornherein ablehnten (§ 68 f.), *magnus* sei

---

¹) Daß *catīnus, catillus* zu ai. *cátat* 'sich versteckend', *cattá-* 'versteckt', *catvála-* 'Höhlung in der Erde' gehöre (Reichelt KZ. 46, 321), ist mir nicht wahrscheinlich, s. auch Feist Et. Wb. d. got. Spr. 135. Gr. κοτύλη wird **κατύλη fortsetzen. Dagegen ließe sich eine Vereinigung von *focus* mit *fax*, alat. *facēs* (*a = ə*) erwägen.

aus *megnós mit a aus vortonigem e entstanden, ist es also
schon wegen dieser keltischen Verwandten nichts. Andrerseits
wird bei OSTHOFF auch osk. *mais, maimas* umbr. *mestru* in durchaus überzeugender Weise mit got. *mais, maiza, maists* verbunden,
an sich schon die allein gebotene, nächstliegende Annahme.
Auch SOMMER Handb.[2] 54, der früher diese Deutung von *magnus*
aus *məgnos* nicht hatte anerkennen wollen, hat jetzt OSTHOFFS
Ausführungen als richtig angenommen. WALDE Wb.[2] 455 stellt
die Frage, ob das a in lat. *magnus* auf dem auslautenden Vokal
von griech. μέγα, ai. *mahi* beruhe, allein mit dieser Vermutung
ist praktisch nicht viel zu machen; theoretisch hätte ich gegen
die Annahme nichts, daß der reduzierte Vokal ə sich in dieser
Form nach dem Schwa der nächsten Silbe umgefärbt habe;
aber im Italischen ist diese Form *maga = griech. μέγα, ai.
mahi nicht nachzuweisen, weshalb wir mit dieser Theorie nicht
wirklich rechnen können.

82. *gradior, gradus* ist mit lett. *gridiju* 'gehe' engstens
zu verbinden (s. TRAUTMANN KZ. 42, 369), vgl. aksl. *grędą* 'komme',
air. *ingrennim* 'verfolge', aw. *garəd-* 'gradi'; die idg. Basis ist
ghredh-, die in lat. *gradior* und lett. *gridiju* — also schon
idg. — in der Schwächung *ghrədh-* vorkam. Denn im Baltischen ist der Vokalismus dieses Verbums an sich genau so
auffallend wie im Lateinischen: beide stützen sich gegenseitig.

83. Als weitere Belege seien folgende Wörter genannt:
3. *nactus*, got. *binauhts, ganauha*, ahd. *ginuht* gegen aksl.
nesą, lit. *neszù*, got. *ganah*, wobei ich wieder auf OSTHOFF MU. 6,
214 verweise, der die Annahme analogischer Einwirkungen
widerlegt: die Stufe *nek-/nok-* ist im Lateinischen gar nicht
vorhanden, die schwächste Form würde *inc-* aus *ṇk-* lauten;
mithin ist Ausgleichung für das Lateinische, damit zugleich
aber auch für das Germanische ausgeschlossen; denn auch in
diesem Falle, wie oben bei lat.-kelt. *mag-* und lat.-lett. *gradior,
gridiju*, haben wir es mit voreinzelsprachlichen Erscheinungen
zu tun: damit erledigen sich BRUGMANNS Einwendungen (Grdr.
1[2], 394). Der Vokalismus ist also ganz leicht zu verstehen
(WALDE Wb.[2] 507: 'etwas schwierig'); lit. *pranókti* 'erreichen'
bleibt aber fern.

4) *labium* 'Lippe', *labrum* gegen nhd. *Lippe*, ags. *lippa*,

---

[1]) Schwierig ist got. *grids* 'Schritt, Stufe', s. FEIST Wb. 118,
SCHRÖDER PBrB. 29, 353, WALDE Wb.[2] 350, BERNEKER Wb. 349.

lepur, ahd. *lefs*, nhd. *Lefze*. In der befremdenden Angst, die man bis jetzt von so vielen Seiten dem Wandel von *ǝ* zu lat. *a* entgegenbringt, nahm man hier an, *lambo* habe auf *labium* ein-gewirkt (so zuletzt WALDE Wb.² 402 mit Lit.): ich halte dies wieder für verfehlt. Denn einmal würde man bei einem Neben-einander von lat. **lebium : lambo* als Ergebnis einer Ausgleichung vielmehr **lambium*, **lambrum* erwarten; zweitens aber stehen sich die Bedeutungen 'Lippe' und 'lecken' zu fern, um uns eine solche gegenseitige Anziehungskraft zu erläutern: mit den 'Lippen' 'leckt' man nicht. Aber *lambo* bedeutet eng begrenzt 'lecken, belecken' und kommt wesentlich nur von Tieren vor. Wenn es gelegentlich vom Menschen gebraucht wird, steht *lingua* ausdrücklich dabei; *labra lambere* Quintil. 11, 3, 81 heißt nur 'an den Lippen lecken'. Auch die etymologischen, anders-sprachigen Verwandten von *lambo* weisen mit seltener Schärfe und enger Umgrenzung auf die Sonderbedeutung 'lecken, mit der Zunge schlecken', nämlich ahd. *laffan* 'lecken', griech. λαφύccειν, arm. *lap'el* 'lecken'.

Merkwürdig und mir nicht recht verständlich ist WALDES Standpunkt (Wb.² 401 f.), der einerseits etymologische Verbindung von *labrum* mit *lambo* ausdrücklich für 'durch die Bedeutung nicht geboten' erklärt, andrerseits aber das *a* trotz der eben mit Recht hervorgehobenen Bedeutungsdifferenz in *labrum* mit-tels Übertragung von *lambo* erklärt. Wir führen also, ohne uns durch alle diese ungerechtfertigten Versuche beirren zu lassen, *labrum*, *labium* auf idg. *lǝb-* zurück.

5. lat. *frango*, *fragilis*, got. *gabruka* (germ. *u* = idg. *ǝ*) gegen got. *brikan*, ahd. *brehhan*. Daß *frāgor* 'Getöse, Krachen' hierhergehört, scheint mir gar nicht sicher ausgemacht.

6. *rapio* : alb. *rjep* 'berauben', griech. ἐρέπτομαι, alit. *aprepti* 'fassen, ergreifen'.

7. *lapis* 'Stein' : griech. λέπαc 'kahler Fels, Stein', λεπαῖοc 'steinig'. Ob auch umbr. *vapeře* 'sella' Abl. Sing., *uapef-* Akk. Plur. hierhergehört, ist zwar nicht ganz sicher, wegen den *sub-sellis marmoreis* im Arvallied aber doch recht wahrscheinlich, zumal schon phonetisch Übergang von *l* in *u̯* sehr leicht be-greiflich und jedenfalls oft beobachtet ist, vgl. OSTHOFF IF. 6, 46 f., BUCK Elementarb. 45, § 83.

8. *lacertus* zu griech. λέκρανα · τοὺc ἀγκῶναc Hes., s. Verf. Reimwortb. S. 127, § 190 gegen BRUGMANN Ber. d. s. G. d. W.

1901, 34. Auch λακτίζω, λαχμός[1]) gehören wohl hierher; ληκᾶν ist Dehnstufe, nicht etwa Normalstufe (ληκᾶν · τὸ πρὸς ᾠδὴν ὀρχεῖσθαι Hes.).

9. *lapit* 'dolore afficit' : λέπω 'schäle' (Wood Cl. Ph. 3, 82), *lepidus*, griech. λεπτός, Walde Wb.[2], 412, wo auf die schlagende Parallele von griech. λύπη : lit. *lùpti* 'schälen' verwiesen wird.

10. *flagrāre, flamma* gegen griech. φλέγω, φλέγμα, φλόξ, ahd. *bleckan* 'sichtbar werden lassen' usw.

11. *latus* 'Seite' : air. *leth* dass., deren enge, bis auf das Suffix übereinstimmende Verwandtschaft ich mir durch Persson's Ausführungen (Beitr. 200) mit nichten nehmen lasse.

12. *trabes, trabs* gegen *Trebonius*, umbr. *trebeit* 'versatur', osk. *Trebiis*, air. *atreba* 'wohnt', cymr. *treb* 'Haus', gall. *Atrebates*, ags. *ðrep* 'Dorf' (Walde Wb.[2] 787, Persson Beitr. 138).[2])

13. *grandis* aus *grəndh-* zu griech. βρένθος 'Stolz', βρενθύομαι, aksl. *grǫdь* 'Brust'.

84. Auch vor Nasal und Liquida (+ Konsonant!) begegnen solche auffallenden *a*-Vokale, vgl. auch Sommer Handb.[2]54.

14. *sarp(i)o*, griech. ἅρπη 'Sichel' : russ. *serpъ* dass., mir. *serr*, cymr. *ser* dass.; vermutlich gehören diese Wörter zur Sippe von *serpens* (*serp-* = 'krumm sein, sich krümmen'), s. Zupitza KZ. 35, 264, Schröder IF. 18, 527, Walde Wb.[2] 679.

15. *sarcio, sarcina, sartor*, umbr. *sarsite* 'sarte' zu griech. ἕρκος, also *sərk-*.

16. *scalpo* gegen *sculpo* (*al* = *əl, ul* = *l̥*) zu gr. σκόλοψ 'spitzer Pfahl', ahd. *scelifa* 'Schelfe, häutige Schale', aw. *hukərəpta-* 'schön geformt'.

17. *scando* : mir. *scendim* 'springe', *sceinm* 'Sprung' (s. Verf., Reimwortb. S. 58, § 69).

18. *amplus, ampla*, griech. ἀμίς, ἄμη usw. zu *emo*, s. Persson Beitr. 6.

19. *salvus*, schon von Walde aus *səleu̯os* (oder vielleicht *səlu̯os?*) erklärt, da bei den alten Szenikern dreisilbig gemessen, osk. *Salavs*, umbr. *saluvom*, vgl. griech. *ὁλοϜός* in ὀλοεῖται · ὑγιαίνει Hes., *salūs* aus *səlú*, Solmsen KZ. 37, 15.

20. *scandula* 'Schindel' zu griech. σκεδάννυμι, also mit

---

[1]) λικερτίζω enthält ι = ə offenbar wegen der folgenden palatalen Vokale (λικερτίζω · σκιρτᾶν Hes.).

[2]) Auch *flaccus : floccus* ließe sich anführen, über die man Reichelt KZ. 46, 347 vergleiche.

demselben ə in der Stammsilbe, das auch in griech. cκίὃναμαι
vorzuliegen scheint (s. o. § 44 ff.). Ferner gehören hierher aw.
skandayeinti 'zerbrechen', aisl. *hinna* 'Haut, Häutchen', mir.
ceinn 'Schuppe'. cκινὃαλμός, cχινὃαλμός läßt sich von lat. *scindo* kaum
trennen, hat aber wohl eine analogische Beeinflussung von
griech. cχίζω erlitten. Dagegen gehören mir. *scandal* 'Schlacht'
und dessen Verwandte (WALDE Wb.² 684) kaum hierher; die
Bedeutung liegt zu weit ab.

21. *talpa* 'Maulwurf' aus **təlpā* zu lit. *telpù, tìlpti* 'hinein-
gehen, Raum in etwas haben', *talpà* 'Raum zum Unterbringen',
lett. *tulpitёs* 'sich häufen', russ. *tolpitъsja* dass., s. WALDE
Wb.² 761.

22. *tardus* 'langsam, schlaff' aus **tərudos* zu griech. τέρυ ·
ἀcθενής, λεπτόν Hes., ai. *táru-ṇaḥ,* τερύ-νης 'schwach, aufgerieben'.

23. *pars, partis* aus **pərti-* gegen *portio* aus *pr̥ti-* zu griech.
ἔπορον 'gab, brachte', πέπρωται 'ist bestimmt'.

23. *carpo* : lit. *kerpù, kir̃pti* 'schneide mit der Schere',
aisl. *herfe* 'Egge'.

24. *palleo, pallidus, pallor* enthalten jedenfalls *al* + Konsonant, das zugrunde liegende **pallos* 'blaß' mag nun aus
*pəlnos, *pəlsos oder **pəlu̯os* erklärt werden (s. WALDE Wb.² 555
mit Lit.).

25. *paries* erklärt sich aus **tu̯əri̯et-*, da es zu lit. *tveriù*
'fassen', *tvorà* 'Bretterzaun' gehört. Ähnliche Beispiele mit der
Lautgruppe *əri̯* sind trotz SOMMER Handb.² 47 *caries* : ai. *śr̥ṇáti*
'zerbricht' und *aries* zu griech. ἔριφος, lit. *éras*; umbr. *erietu*
'arietem' ist besonders wichtig (BEZZENBERGER BB. 27, 167,
PERSSON Beitr. 143, Fußn. 5).

26. *partus, pario* aus *pər-* zu lit. *periù* 'brüte'.

27. *cartilāgo* 'Knorpel' aus *kərt-* zu air. *certle* 'Knäuel',
vielleicht auch weiterhin zu aisl. *herðar* 'Schultern'.

28. *candeo* gegen *accendo, incendo,* ai. *cand-* (Palatal!),
candráh 'leuchtend', subst. 'Mond', s. auch PERSSON Beitr. 478 A
und REICHELT KZ. 46, 311 (o. § 66).

29. *fastigium* aus **farsti-, *bhərsti-* zu ai. *bhr̥ṣṭíḥ* 'Zacke,
Spitze', ahd. *burst,* nhd. *Borste,* ebenso air. *barr* (s. u.). Man
halte insbesondere *fe(r)stūca* gegen *fa(r)stigium.*

30. *suāsum* aus **su̯ard-tom, *su̯ərdtom* gegen *surdus,* got.
swarts, nhd. *schwarz* vgl. aw. *ka-xᵛarəða-* (BARTHOLOMAE Air.Wb.462).

31. *far, farris, farrea,* osk. *far* zu got. *barizeins* 'aus

Gerste', russ. *borošno* 'Mehl' usw., s. Hoops Waldb. 362, idg. Stamm *bher-*. Daß *far* auf **bhəros* beruht, beweist aksl. *bьrъ*, russ. *borъ-* 'Art Hirse' (s. Berneker, Wb. 110), das dieselbe Ablautsstufe enthält (*e* > slav. *ъ*, s. u. § 143). Für ein idg. **bharos* (Walde Wb.² 272) ist kein Platz.

32. *valvae* 'Türflügel', *valvolae* 'Schoten', *valgus* 'säbelbeinig', *vallis* 'Tal', *vallus* 'Nagel' gehören letzten Endes alle zum Stamme von *volvo*. Mit Recht lehnt Persson Beitr. 539 A 4 einen Basenansatz idg. *u̯al-* : *u̯el-* ab, da dieses *u̯al-* ganz ohne weitere Stütze bleibt. Schon Sommer Lautstud. 118 setzte das in der Nachbarschaft von Nasal und Liquida im Italischen so oft auftretende *a* an, "dessen Rubrizierung ins Ablautsystem immer noch nicht recht gelungen ist". Beistimmend auch von Persson a. a. O. zitiert. Ich hoffe, den Leser bald überzeugen zu können, wie einfach sich dieses *a* verstehen läßt.

33. *barba*, aus **farba* assimiliert, besaß idg. *ə*, da es zum Stamme *bherdh-* 'spitz sein' in aisl. *barða*, as. *barda*, ahd. *barta* 'Beil, Barte' usw. gehört. Aber lat. *barba* geht nicht, wie Berneker Wb. 73 als Möglichkeit erwägt, auf idg. *r̄* zurück, sondern auf *ər*: das löst alle Schwierigkeiten. Dafür, daß ein Wort für 'Bart' eigentlich 'Spitze, Granne, Stachel' usw. bedeutet, gibt es zahlreiche Parallelen; vgl. Verf. Sitzungsber. d. Heidelb. Ak. d. Wiss. 1915, Nr. 10, S. 15.

Über die ganze Sippe s. Persson Beitr. 14 ff. Schwierig ist das *z* in lit. *barzdà*, für das vielleicht ein 'Reimwort' verantwortlich zu machen ist; doch verweise ich auch auf lit. *pyzà* : *pyzdà* 'vulva'.

34. Recht einleuchtend erscheint mir Perssons Etymologie von lat. *palla, pallium*, das er mit griech. πέπλος, acymr. *lenn* Gl. 'pallam', ir. *lenn* Gl. 'sagana vel sagum' und mit aisl. *feldr* 'Gewand' vergleicht (a. a. O. 225). Weiter verwandt sind lat. *pellis*, germ. *fell*, aksl. *pelena* 'Windel' usw. *palla* aus **pəlnā* (slov. *plẹ́na*) oder **pəlu̯ā*.

35. *partecta* 'Gerüst, welches die hinteren Sitzreihen im Zirkus bilden' gegen *pertica* 'Stange, Stock', osk. perek(aís) 'perticis', umbr. *perca* 'Stab', *porticus* 'Säulenhalle', russ. *pápertь* 'Vorhalle'.

36. *pānus* 'Geschwulst, Hirsenbüschel' ist zu lit. *tviñkti* 'anschwellen', *tveñkti* 'anschwellen machen' zu stellen, s. Sommer Handb.² 221; auch mich überzeugt Perssons Lehre vom Wandel

eines *tu̯-* zu *t-* nicht (Beitr. 478).[1]) Schwierigkeiten im Vokalismus (WALDE Wb.[2] 560) gibt es bei unserer Lehre nicht: idg. *tu̯ənk-* liegt sowohl im lat. *pānus, panceps* (ital. **tu̯ank-*) als in lit. *tviñkti* vor, da *ə* im Litauischen zu *i* wird.

37. *lanx* 'Schüssel' gegen griech. λέκος, λεκάνη; dazu kommen weiterhin lit. *leñkti* 'sich biegen', *lankà* 'Tal', *į-lanka* 'Einbiegung, *lañkas* 'Reifen', aksl. *lǫkъ* 'Bogen', *sъ-lǫkъ* 'gekrümmt' usw., s. WALDE Wb.[2] 405, BERNEKER Wb. 740, wo auch WALDES Bedenken wegen *slǫkъ* (= *sъ-lǫkъ*) ihre Erledigung finden. Denselben Murmelvokal, idg. *ə* = lat. *a*, haben wir in lit. *linkiù, linkė́ti* 'sich neigen zu' gegen *lenkiù*. Auch lat. *lacus* dürfte hier anzureihen sein; man mag also auch lat. *lacus* griech. λέκός gegenüberstellen, um das lat. *a* zu kennzeichnen.

38. *pampinus* 'frischer Trieb des Weinstocks, Ranke' vergleicht sich mit seiner nasalierten Stammbildung enge mit lett. *pempt* 'schwellen', lit. *pam̃pti, pamplỹs* 'Dickbauch', lett. *pempis* 'Schmerbauch'; auch *pampt, pumpt* begegnet im Lettischen. Zum *u*-Vokalismus, der auf Kosten der beiderseits benachbarten Labiale zu setzen ist, vgl. man auch lit. *pùmpuras* 'Knospe'; ein 'Schallwort' kann ich angesichts der Bedeutung dieser Wörter unmöglich erkennen (WALDE Wb.[2] 558).

39. lat. *mancus* 'verkrüppelt, gebrechlich' gehört zu ai. *maṅkúḥ* 'schwächlich', lit. *meñkas*, aksl. *mękъkъ* 'weich', *omęčiti* 'emollire' usw., s. WALDE a. a. O. 451, PERSSON Beitr. 478, BERNEKER Wb. II, 42 f.

40. *malleus* aus **məl-ni-* 'Zermalmer, Zermalmung' (PERSSON Beitr. 646 A.), vgl. *mel-* 'zermalmen' in aksl. *mlatъ*, russ. *mólotъ* 'Hammer', dazu auch BERNEKER Wb. II, 73.

41. Lat. *ango*, griech. ἄγχω haben wahrscheinlich *a* aus idg. *ə* wegen bret. *enk*, cymr. *cyfyng* 'enge', aksl. *vęzati* 'binden' (*enĝh-* : *onĝh-* : *ənĝh-*), s. PEDERSEN Vgl. Gr. I, 178, WALDE Wb.[2] 41, REICHELT KZ. 46, 311 und unter § 102.

Diese Beispiele mögen genügen, um den Ansatz lat. *a* = idg. *ə* zu rechtfertigen, sowenig wir uns auch anmaßen, damit das ganze Material erschöpft zu haben.

85. Daß das Keltische in beiden Fällen mit dem Italischen zusammengeht, hat schon OSTHOFF MU. 6, 213 ermittelt. Mit der lat. Gruppe von *patēre* stimmt auf das beste zusammen:

---

[1]) Auch bei seiner Vergleichung von russ. *pukъ* 'Büschel' (Wz. *peuk-*) muß man das lat. *a* aus *ə* erklären.

1. Ir. *dosaidi* 'sedes', *saidim*, cymr. *hadl* 'lying in ruins' gegen cymr. *seddu* 'sitzen', air. *suide*, lat. *sedeo*, griech. ἕζομαι. Im Kelt. wandelte sich *səd-* (zu normalstufigem *sed-*) zu *sad-*, vgl. griech. ἵζω, sicher ἱδρύω aus *səd-* : ἕζομαι aus *sedi̯o-*).

2. Ir. *daig* 'Feuer' : τέφρα, lat. *favilla* (aus *fovílla*), nhd. *Tag* usw. (WALDE Wb.² 276); namentlich vgl. man *dedōl* aus *du̯i-dog-lo* (STOKES RC. 27, 88) mit *daig*.

3. Kelt. *sagedlā* 'Handhabe' in cymr. *haeddel* fem. 'stiva', mbret. *haezl*, nbret. *heal* zu griech. ἐχέτλη (STOKES-FICK⁴ 296, PEDERSEN, Vgl. G. I, 97. § 59,1).

4. Kelt. *ati-* 'darüber' in gall. *Ate-bodua*, *Ategnata*, air. *aith-*, *aid-*, cymr. *ad-* gegen gr. ἔτι, lat. *et*, got. *iþ*, ai. *áti*, aksl. *otъ* (s. BRUGMANN Kvgl. Gr. 466, WALDE Wb.² 66, PEDERSEN Vgl. Gr. d. kelt. Spr. I, 177, THURNEYSEN Handb.² 454, § 818, MORRIS JONES Welsh Grammar S. 263, § 156). Lat. *at* ist dagegen wegen des got. *aþþan* 'aber' abzutrennen, wenn wohl auch idg. *eti* und *at* sich berührt haben mögen; einen idg. Ablaut anlaut. *a* : *e* gibt es nicht (MEILLET Ét. v. sl. 155 f.).

5. Mir. *asna* 'Rippe', cymr. *ais* 'Rippen' Sing. *asen*, corn. *asen* : lat. *oss* (statt *ōs* zu schreiben), *ossis*; altlat. *ossu(m)*, griech. ὀστέον, ὄστρακον, ὀστρύς 'Buchenart mit hartem Holze', ai. *asthi-* 'Bein, Knochen', arm. *oskr* 'Knochen', alb. *ašt* dass., aw. *asču-* 'Schienbein'. Griech. ἀστράγαλος kann man aus *əst-* erklären und demnach hinsichtlich seines Anlauts unmittelbar mit diesen keltischen Formen vergleichen; vor Konsonanz wird ja, wie wir oben gezeigt haben (§ 66 f.), *ə* im Griechischen spontan zu α. Freilich ist die Möglichkeit nicht ganz von der Hand zu weisen, daß ἀστράγαλος aus *ὀστράγαλος entstanden ist (J. SCHMIDT KZ. 32, 390); man sollte freilich erwarten, *ὀστράγαλος hätte an ὄστρακον, ὀστέον genügenden Schutz gehabt, um einer solchen Assimilation zu widerstehen. Somit dürfen wir wohl auch hier einen Fall erkennen, in dem *ə* in zwei verschiedenen idg. Sprachen vorliegt. Cymr. *asgwrn*, corn. *ascorn* 'Bein' ist aber jedenfalls aus *əst-cornu*, nicht aus *ost-cornu* (WALDE Wb². 549) herzuleiten; dies lehrt schon das parallele Verhältnis von *llost* : *llosgwrn*, s. auch MORRIS JONES Welsh Gr. 140, § 96 II, 4.

6. Ferner ist *gataim* 'nehme weg, stehle', cymr. *gannu* 'continere' zu nennen gegenüber cymr. *genni* 'contineri, comprehendi', aisl. *geta* 'erlangen', got. *bigitan* 'erlangen, finden', lat. *prehendo* usw., s. WALDE Wb.² 610, PEDERSEN Vgl. Gr. I, 39,

§ 28, 7, Morris Jones W. Gr. 319, § 173, IV, wo unrichtig *ghn̩d* für *gannaf* angesetzt wird. Im Griechischen haben wir denselben Gegensatz zwischen χανδάνω : χείϲομαι. Man kann die Proportion aufstellen

griech. *χενδ-ϲομαι = χείϲομαι : χανδ-άνω =
cymr. *genni* : *gannu.* (Vgl. oben § 66.)

7. Cymr. *gafl* 'Gabel, 'feminarum pars interior', air. *gabul* 'gegabelter Ast, Gabel, Weiche', abret. *gablau* 'Gabel', nbret. *gaol* 'Gabelung, enfourchure des branches et des cuisses', lat. *gabalus* 'Galgen, Marterholz', ahd. *gabala* 'Gabel', ags. *geafol* dass. zeigen *a = ə* in der Stammsilbe, denn wir können diese Worte nicht trennen von ahd. *gibil* 'Giebel', got. *gibla* 'Giebel, Zinne', holl. *gevel* 'Giebel'. Auch griech. κεφαλή kann noch hierhergehören (idg. *ghebh-* : *ghəbh-* 'Kreuzungspunkt, Spitze, Kopf'). Ai. *gábhastiḥ* 'Vorderarm', angebl. auch 'Gabeldeichsel' muß idg. *o* oder wahrscheinlieher auch *ə* enthalten, da *ə* auch im Ai. spontan zu *a* wird. Arm. *gawak* 'Hinterteil' (vgl. ai. *gabháḥ* 'vulva') muß keineswegs idg. *a* enthalten, wie Pedersen Vgl. Gr. I, 39 lehrt, sondern wird ebenfalls *a* aus idg. *ə* fortsetzen.

8. Kelto-lat. *sagum* ist mit lett. *sega* 'leinene Decke', *segene* 'alter Mantel', *segt* 'decken', *sagſcha* (*a = idg. o*!) 'Hülle, Decke der Frauen' zu vergleichen; das *a* ist wieder Fortsetzung von idg. *ə*.

9. Cymr. *adar* 'Vögel' Sing. *aderyn* 'Vogel' gegen *edn*, ir. *én* 'Vogel' aus idg. *pət-* : *pet-* in πέτομαι, lat. *peto, penna* usw., namentlich stelle man gegenüber: acymr. *atan*, ncymr. *aden* 'Feder' und andrerseits air. *ite*, nir. *eite* 'Flügel'.

10. Air. *gabim* 'gebe, nehme', cymr. *gafael* 'prehensio', corn. *gavel* (s. Pedersen Vgl. Gr. II, 532 Anm.), lit. *gabénti* 'wegtragen, bringen', *gabanà* 'Armvoll' (lit. *a = idg. o*) zu got. *giban* 'geben', aisl. *gefa*, ags. *giefan*, as. *geban*, ahd. *geban* 'geben' (s. Walde Wb.² 358, Feist Et. Wb. 114, Pedersen Vgl. Gr. I, 39).

11. Air. *dag-* 'gut', cymr. *da*, gall. *Dago-vassus* zu ir. *deg-* 'gut', cymr. *de-wr* 'Held' (*gŵr* 'Mann').

12. Mcymr. *adaued* 'Fäden', nschott. *aitheamh* 'Faden' (als Maß), aber cymr. *edaf, edeu* 'Faden, Zwirn', aisl. *faðmr*, griech. πετάννυμι, lat. *patēre*; es handelt sich also um einen keltischen Verwandten des oben behandelten Falles griech. πίτνημι : lat. *patēre*, wodurch das bereits idg. Alter für die Basengestalt *pət-* immer sicherer gestellt wird[1]).

---

[1]) Einige weitere Beispiele, die Pedersen Vgl. Gr. I, 38 ff. für den

86. Bei Nasal und Liquiden + Konsonanz (also der lat. *magnus*- und *carpo*-Gruppe entsprechend) erscheint idg. ə = kelt. *a* z. B. in folgenden Fällen:

13. Air. *and* 'in ihm', 'dort' hat PEDERSEN pronom. démonstr. 33 ansprechend mit arm. *and* 'dort, in dem' (Loc. d. Artik.), griech. ἔνθα verglichen, s. auch BRUGMANN Gr. 2², 2, 729. Jedenfalls ist mir diese Erklärung von ir. *and* wahrscheinlicher als THURNEYSENS Deutungsversuch Handb. 473, schon weil das Armenische eine so treffende Entsprechung anfweist.

13a. Ir. *anart* 'Hemd' gegen *inar* 'Leibrock', griech. ἔναρα, ἐναίρω, ἐναρίζω 'töte' (PEDERSEN Vgl. Gr. I, 178, § 107) mag bereits genannt sein; wenn auch hier nicht ein Konsonant auf den Nasal folgt, so gehört doch deutlich der Fall hierher.

14. Kelt. **magios* usw., lat. *magnus* gegen griech. μέγας usw., s. o. § 81.

15. Mcymr. *cann*, acorn. *can*, bret. *kann* 'hell, weiß' enthält dasselbe *a* = idg. ə, wie lat. *candeo, candela*, griech. κάνδαρος · ἄνθραξ : ai. *candrá-* (Palatal!). Entlehnung der kelt. Wörter aus dem Lateinischen ist nicht anzunehmen, s. REICHELT KZ. 46, 321 und o. § 84, Nr. 28.

16. Mir. *nasc* 'Ring', *fonaiscid* 'verpflichtet', ahd. *nuscia, nusca, nusta* 'Verknüpfung', aber mit *e*-Vokalismus *nist(e)* 'Heftnadel', ahd. *nestila* 'Bandschleife', nhd. *Nestel* usw., s. OSTHOFF MU. 6, 210). Wieder handelt es sich um einen Fall, der in zwei Sprachen vorliegt, denn auch die germ. *u*-Formen *nusc(i)a* usw. deuten auf vorhistorisches *nəs*-.

18. Gall. *uertragus* 'schnellfüßiger Hund', ir. *traig*, cymr. Plur. *traed* 'Füße' gegen griech. τρέχω, τρόχος, got. *þragjan* 'laufen'; cymr. *troed* (Sing.) 'Fuß', acorn. *truit*, br. *troad* aus **trogot-*.

18. Air. *laigiu* 'kleiner', cymr. *llai*, mcymr. *llei*, Superl. *lleiaf*, corn. *le*, abret. *nahulei* 'nihilominus', sind, wie OSTHOFF MU. 6, 34 ff. ausführlich und überzeugend nachgewiesen hat, aus **lag-iōs* herzuleiten. Wieder wird dieser Fall gestützt durch aksl. *lьgъkъ* und griech. ἐλαχύς, so daß die Ablautstufe idg. *ləgh*- aus drei verschiedenen Sprachen sich erschließen läßt. Die nor-

---

Wechsel *e, o* : *a* in keltischen Wörtern beibringt, sind teils zweifelhaft, wie ir. *aithirge* 'Buße' : aksl. *jeterъ* 'aliquis', teils unrichtig, wie lat. *angustus* : *vęžǫ*.

male Stammesgestalt ist idg. *legh-* 'sich leicht bewegen', über deren Geschichte man OSTHOFFS erwähnte Arbeit vergleichen möge.

19. Cymr. *bal-* 'Hervorstehendes', *balch* 'stolz' ir. *balc* 'dick, stark' : dän. *bulk* 'Buckel, Knollen', engl. *bulk* (Wz. *bhelk-*), s. für weiteres PERSSON Beitr. 54.

20. Lat. *galbus, galbinus* entlehnt aus gall. **galu̯os* 'gelb' gegen *e*-Vokalismus in lat. *helvus*, lit. *želvas* 'grünlich', ahd. *gelo*, s. Verf. Reimwortbild. S. 170, § 274 mit A. 3. **galu̯os* also aus **gǝlu̯os.*

21. Auch das ähnliche *galba* war nach Sueton. Galb. 3 ein gallisches Wort : gall. *galbo* 'Wade', auch 'Schwellung, Angeschwollenes' aus **gǝlb-* gehört zu aisl. *kālfi*, engl. *calf* 'Wade', got. *kalbō*, nhd. *Kalb* usw., s. auch PERSSON Beitr. 64, der auf lat. *galbulus* 'Zypressenzapfen' hinweist.

22. Gall. *carrus*, ir. *carr*, cymr. *carr* 'biga, vehiculum' aus **kǝrsos* gegen lat. *currus* aus **kr̥sos, curro, cursus* usw.

23. Mir. *arco* 'flehe', air. *imm-chomarc* 'Frage', acymr. *archaf* 'J ask' aus **pǝrk̑-* zu lat. *po(r)sco*, ai *pr̥cchāti* 'frägt', ap. *aparsam* 'frug' usw.

24. Κάρνον · τὴν σάλπιγγα. Γαλάται Hes., gall. κάρνυξ 'Trompete', cymr., corn., bret. *karn* 'Huf der Einhufer' gegen lat. *cornu*, got. *haúrn*, ahd. *horn* usw. ai. *śr̥ṅgam* kann angeführt werden, auch wenn es sich letzten Endes um eine zweisilbige Basis handeln sollte; schon OSTHOFF Et. Par. 39 meinte, die keltischen Wörter verhielten sich zu dem lat. *cornu*, germ. *horn*, ai. *śr̥ṅgam*, wie '*r̥*-Form zu *r̥*-Form', d. h. in unsere Anschauung übertragen, gall. **karno-* ist idg. *k̑ǝrno-* gegen *k̑r̥n-* der anderen Formen. Ebenso kymr. *carw*, corn. *caruu*, bret. *caru* 'Hirsch' aus **k̑ǝru̯os* gegen lat. *cervus*.

25. Air. *marb*, cymr. *marw* aus **mǝru̯os* (nicht **mr̥u̯os*, wie STRACHAN Rev. celt. 28, 202 meinte) gegen lat. *morior*, ai. *marate, mriyáte* 'stirbt' usw.

26. Auch in ir. *barr* 'Spitze, oberster Teil', 'Laub, Haar', cymr. *bar*, abrit. *Cunobarrus* haben wir es nicht mit idg. *r̥* zu tun, sondern die Grundform ist **bhǝrs-*, zu ahd. *burst*, nhd. 'Borste, Bürste', ai. *bhr̥ṣṭi-* 'Spitze' usw.

27. Ir. *crann* 'Baum' gegen cymr. *prenn*, corn. *pren*, bret. *prenn* hat keineswegs *r̥*, das keltisch und irisch stets als *ri* erscheint, sondern beruht auf **qrǝsno-*.

28. Air. *tart* 'Durst' aus **tərst-* zu lat. *torreo,* ai. *tṛṣitáḥ* 'dürr', griech. τέρσομαι, got. *gaþaírsan* usw.

30. Ir. *all* 'Klippe' aus **pəlso-* zu ahd. *felis,* nhd. *Felsen,* aisl. *fiall,* ai. *pāṣya-* < **palsịa-* 'Stein' (s. Falk u. Torp Norw. et. Wb. I, 223).

30. Ir. *cair* 'Beere', cymr. *cair* < **kərpịo-* : griech. καρπός, ahd. *herbist,* ags. *hœrfest* usw.

Viele dieser Fälle bringt Pedersen Vgl. Gr. I, 44 zum Beweise für die Gleichung kelt. *ar, al, an* usw. = idg. $ṛ, ḷ, ṇ$: aber nicht mit Recht[1]); das wird sich uns bald deutlich zeigen.

87. Im Irischen ist ein sekundärer Ablaut *ai* : *e* entstanden, der in Deklination wie Konjugation wiederkehrt. Der Ausgangspunkt dieses Ablauts, der zweifellos sein ursprüngliches Gebiet weit überschritten hat, könnte ein solcher idg. Ablaut *e* : *ə* = kelt. *e* : *a* gewesen sein; vgl.

air. *aig* 'Eis', Gen. *ega; fraig* 'Wand', Gen. *frega, Daig* Eigenname: Gen. *Dego* (der Gute? zu gall. *Dagouassus,* aber ir. *deg-* 'gut', cymr. *de-wr* 'Held', eigentl. 'guter Mann'), *graig* 'Pferde', Gen. *grega, liaig* 'Arzt', Gen. *lega; saigid* 'er geht nach', aber 3. Pl. *segaid, -segat,* s. Thurneysen Handb. § 197 und § 302, Pedersen Vgl. Gr. I, 39.

ir. *aig* ist aus **ịagi-* entstanden, wie zunächst cymr. *ia* 'Eis', acorn. *icy* 'Eis' u. a. zeigen; dies kelt. *ịagi-* kehrt in aisl. *jaki* 'großes Eisstück' wieder, *jọkull* 'Gletscher', ags. *gicel* 'Eisscholle, Eiszapfen', dän. *husegel* 'Eiszapfen', die also ein germ. *jek-,* idg. *ịeĝ-* (lit. *yže̗* 'Grundeis') darstellen. Kelt. *ịagi-* also aus idg. **ịə̄gi.* Die *e*-Stufe aber läßt sich im Gen. *ega* erkennen, so daß wir also Stammabstufung in diesem Falle annehmen müssen. Dazu vgl. man namentlich das *e* von Gen. *grega* zu *graig,* das nach Ausweis des lat. *grex* doch älter ist als der Nomin. mit seinem *a*-Vokalismus. Also kann auch in *ega* das *e* alt sein. Thurneysen Handb. S. 118 will *ega* aus **ïaga* mittels Synkope herleiten; man fragt sich aber, warum **ïaga* ein silbisches *i* enthalte, und warum *i̯* nicht wie sonst abgefallen ist (*ega* aus *ịeg-*).

---

[1]) Es soll aber keineswegs verschwiegen werden, daß auffälligerweise auch in manchen cymr. Lehnwörtern aus dem Latein ein 'unregelmäßiges' *a* erscheint, z. B. *sarff* : *serpens, parchell* : *porcellus, carchar* : *carcer, ysblan* : *splendidus,* jedenfalls hat dies aber mit den obigen Fällen nichts zu tun, vgl. Pedersen Vgl. Gr. I, 199, Morris Jones W. Gr. 87.

Auch bei *saigid* : *segait* usw. dürften alte Ablautsvarianten vorliegen, weil *a* hier *v* sein kann, vgl. got. *sōkjan*, lat. *sāgīre* : also *sag-* aus *svg*. Doch vermag ich *säacht* nur als Reduplikationsbildung wie ai. *síṣakti* zu verstehen, was Thurneysen a. a. O. für unwahrscheinlich hält (doch siehe auch Pedersen Vgl. Gr. I, 39).

Wie dem auch sei, wenn das *a* in *saigid* nur aus *v* sich erklären dürfte, dann läßt sich *i̯ag-* auch aus *i̯əg-* herleiten, denn beide reduzierten Vokale fallen im Keltischen in *a* zusammen.

88. Wir sehen also an diesen Beispielen, daß das Keltische mit dem Lateinischen bzw. Italischen Hand in Hand geht in unserer Frage; *ə* ist sowohl zwischen Verschlußlauten (Typus *patēre*) als in Umgebung von Liquida und Nasal + Konsonant zu *a* geworden (Typus *magnus* und *carpo*).

Damit dürfte sich ein Ausblick eröffnen, der auch für die anderen idg. Sprachen von Wichtigkeit ist.

89. Es ist bekannt, daß man idg. *r̥ l̥* im Keltischen zweierlei Vertretungen zuschreibt, s. Thurneysen Handb. 128, § 214, Pedersen Vgl. Gr. I, 42 ff. Einmal sollen *r̥, l̥* zu urkelt. *ri, li* geworden sein, aber in anderen Fällen erscheint *ar, al*. Fragen wir nach dem Grunde dieser doppelten Vertretung, dann erhalten wir bis jetzt nur eine sehr unklare Antwort. So meint Pedersen a. a. O. S. 45: "Der Unterschied im Timbre zwischen den Fällen unter 1. und den Fällen unter 2. wird darauf beruhen, daß in den Fällen der letzten Reihe" (d. h. also in der Vertretung *r̥, l̥* = *ar, al*) "ein Svarabhaktivokal früher eingetreten ist als in den Fällen der ersten Reihe. Ob die Fälle unter 2 a) und 2 b (d. h. *r̥, l̥* vor *i̯* wie im cymr. *malu* 'mahlen') chronologisch zwei verschiedene Gruppen oder nur eine Gruppe bilden, ist unsicher. Der Hinblick auf die übrigen idg. Sprachen führt zu keinem klaren Ergebnis".

Wenn wir bedenken, daß *ər, əl* + Konsonant kelt. *ar, al* ergab (z. B. in lat. (Lehnwort) *galba* aus urkelt. *ʾgəlb-*, oder in cymr. *llai* aus *ʾləg-ios*, desgleichen im Lateinischen in *carpo*, *sarp(i)o*, *sarcio*, *salvus*, *talpa* usw., da das Italische ja mit dem Keltischen übereinstimmt in der Vertretung des idg. *ə* durch *a*, dann werden wir jene doppelte Vertretung des idg. *r̥, l̥* "und ähnlicher Grundformen", wie Thurneysen Handb. § 214 sich vorsichtig ausdrückt, leicht erklären können: idg. *r̥, l̥* ist im

Keltischen nur durch *ri, li* vertreten, dagegen sind die Formen mit *ar, al* die Fortsetzung von idg. *ər, əl*[1]).

90. Dazu beobachte man noch eine andere Tatsache, die diese nahe Annahme geradezu beweist: Wenn wir *ər, əl* vor uns haben, ist *ə* natürlich der Rest des geschwächten Vollvokals, der vor der Liquida einst stand; also muß die Aufeinanderfolge von Vokal und Liquida in Normal- und Schwundstufe miteinander übereinstimmen. Schematisch dargestellt sehen die Beispiele so aus:

I. Vollstufe : *e* + Nasal od. Liquida; dazu die
Reduktion : *ə* + „ „ „ .
II. Vollstufe : Nasal od. Liquida + *e*; dazu die
Reduktion : „ „ „ + *ə*.

Dagegen ist bei der Schwundstufe, die zu wirklich streng silbischen *r̥, l̥* führte, diese Übereinstimmung zwischen Vollstufe und Tiefstufe hinsichtlich der Vokalstellung keineswegs notwendig, weil der aus idg. *r̥, l̥* sekundär und einzelsprachlich entwickelte Vokal ganz unabhängig sein kann von der Stellung des ungeschwächten Vokals in der Normalstufe.

91. Wenden wir diesen wichtigen Grundsatz auf die keltischen Belege an, so ist der Unterschied recht deutlich zu sehen an unseren Beispielen:

I. idg. *r̥, l̥* > kelt. *ri, li*.

Normalstufe: *ber-*, idg. *bher-*, in *berid* 'fert'. Dazu
Tiefstufe : *bri-*, idg. *bhr̥-*, in *brith* 'das Tragen',
ai. *bhr̥ti-*. —
Normalstufe: *mel-* in *melid* 'mahlt', dazu
Tiefstufe : *mli-* in Dat. Sg. *mlith*. —
Normalstufe: *derk̂-* in griech. δέρκομαι, dazu
Tiefstufe : *dr̥k̂-*, kelt. *drik-* in ir. *drech* 'Gesicht',
cymr. *drych* 'Anblick'. —
Normalstufe: *melĝ-* in griech. ἀμέλγω usw., dazu
Tiefstufe : *ml̥g-*, kelt. *mlig-* in *bligim* 'melke' u. a.

II. idg. *ər, əl* > kelt. *ar, al*.

Normalstufe: *ters-* in griech. τέρσομαι, dazu
Tiefstufe : *tərs-*, kelt. *tars-* in air. *tart* 'Durst'. —

---

[1]) Bei J. MORRIS JONES Welsh Gramm. 79 steht bereits richtig angegeben: "In Kelt. *e* becomes *a* before explosives, as well as before *l*, *r*, *m*, *n*". Daß aber MORRIS JONES nicht etwa bereits auf unserem Stand-

Normalstufe: *mer-* in lit. *merdéti* 'im Sterben liegen',
    arm. *meŕanim*, dazu

Tiefstufe   : *mər-* in air. *marb*, cymr. *marw* 'tot', aus
    **mər-u̯os*. —

Normalstufe: *pels-* in ahd. *felis*, aisl. *fiall* 'Fels', dazu

Tiefstufe   : *pəls-* in kelt. *(p)als-* in ir. *all* 'Klippe' u. a.
Wegen mir. *arco*, cymr. *archaf* 'bitte' aus **pərk̑-* gegen lat.
precor, *procus* usw. vgl. umbr. *persclu* 'precatione', *peperscust*
'precatus erit', mars. *pesco* 'sacrum'. In ir. *frass* gegen ai.
varṣá- 'Regen', ἔρcη 'Tau' haben wir jenen bekannten idg.
Wechsel von *u̯r*, *ru̯* anzunehmen (PEDERSEN Vgl. Gr. I, S. 176).

III. idg. *rə*, *lə* = kelt. *ra*, *la*.

Cymr. *llai* : aus **ləg-*, kelt. *lag-*, wie griech. ἐλαχύc, ai. *laghúḥ*
    usw. —

Ir. *crann* 'Baum' gegen cymr. bret. *prenn*. —

IV. idg. *ən*, *əm* = kelt. *an*, *am*.

Air. *and* 'in ihm', arm. *and*, s. o. § 86, Nr. 12. —

Ir. *anart* 'Hemd' : griech. ἔναρα s. o. § 86, Nr. 13.

V. idg. *nə*, *mə* = kelt. *na*, *ma*.

Kelt. *magnios = lat. *magnus* : μέγαc (s. o. § 81).

Ir. *nasc*, ahd. *nusca* gegen aisl. *nist* (s. o. § 86, Nr. 16).

Somit hat die Doppelheit von kelt. *ar*, *al* und *ri*, *li* ihre
einfache Erklärung gefunden und dürfte nun auch auf die Verhältnisse in anderen Sprachen Licht werfen.

92. Auch im Lateinischen gilt es jetzt diesen Grundsatz durchzuführen, namentlich was die *ə* in der Nachbarschaft
von Nasal und Liquida betrifft.

In *scando* gegen ir. *scendim*, in *talpa* gegen lit. *telpù*, in
scandula gegen cκεδάννυμι, in *sarcio* gegen griech. ἔρκοc usw. (s. o.
§ 84) haben wir idg. *əl*, *ər*, *ən* + Konsonant erkannt; sollte
nicht auch in den Lautgruppen, die viele seither immer noch
auf *ṇn*, *ṛr* zurückführen, d. h. also vor folgendem Vokal, dasselbe vorauszusetzen sein?

Idg. *ṛ*, *ḷ* wird im Lateinischen bekanntlich zu *or*, *ul*, sog.
idg. *ṛr, *ḷl aber zu *ar*, *al*; wenn wir aber jetzt sehen, daß
vor Vokal dasselbe Lautgebilde entsteht, wie vor Konsonanz, dann können wir nicht anders, als für diese gleichen

---

punkt steht, zeigt seine weitere Behauptung: "the form *er*, *en* etc. occurs
before vowels, and before *i̯* and *u̯*".

Lautgruppen *ar, al* auch die gleiche vorsprachliche Heischeform
voraussetzen: wenn *talpa* aus **təlp-, sarcio* aus **sərk-* entstanden
ist, dann werden wir für lat. *varus* 'Finne' idg. **u̯əros*, worauf
auch lit. *vìras* 'Finne' zurückführbar ist, ansetzen, wie das
WALDE Wb.² 808 u. a. Gelehrte in der Tat längst tun.

Ebenso *əl* statt *l̦l* z. B. in *salix* aus **səl-* zu griech. ἑλίκη.
Von diesem Standpunkt also betrachtet scheinen uns die Ansätze *r̦r, l̦l*, wie sie von BRUGMANN, SOMMER u. a. vertreten werden,
zunächst für das Lateinische und Keltische, unrichtig zu sein.
Freilich stoßen wir hier sofort wieder auf eine Schwierigkeit;
denn statt *n̦n, m̦m* wäre dann *ən, əm* anzusetzen, und dies
könnte lat. nur zu *an, am* führen.

93. Nun nehmen aber viele, z. B. BRUGMANN Kvgl. Gr. 128,
SOMMER Handb.² 45, § 41 f. an, *n̦n, m̦m* ergebe lat. *en, em*. Das
gilt mir jedoch für unerweisbar, und ich schließe mich HIRT
Ablaut 18, IF. 21, 167 ff. an, der lat. *an, am* (aus idg. *ən, əm*)
für das Lautgesetzliche hält. Auch SOMMERS neuerliche Bemerkungen im Hdb. Kr. Erl. S. 13 f. machen mich nicht irre.
Insbesondere ist die Art, wie SOMMER a. a. O. sich mit der schla-
genden Gleichung lat. *manēre* : griech. μένειν abfindet, wenig
überzeugend. Er meint, das *-a-* von *manēre* sei dem "von
scando, besser vielleicht noch dem von *quattuor* usw. gleich".

Damit sind wir unsererseits durchaus einverstanden; nur
werden wir betonen, daß das *a* von *scando* und das von *quattuor*
nicht getrennt werden kann, beide Vokale sind aus dem gleichen idg. *ə* entwickelt. So bemerkt SOMMER zu lat. *gradior*
Handb.² S. 54 sehr richtig: "Man nimmt jetzt gewöhnlich an,
daß nicht in jedem Fall *er, re* bei Ablautsschwächung zu *r̦*
reduziert wurden, sondern daß auch hier zuweilen etwas vom
Vollstufenvokal bewahrt blieb, setzt also für lat. *gradior* : lit.
grìdyti etwa ein **ghrₑdh-* voraus".

Wir sehen, das ist dieselbe Lehre, zu der auch unsere
Untersuchungen uns gedrängt haben.

94. Wenn er Kr. Erl. a. a. O. meint, bei völliger Schwundstufe sei *mn-* entstanden, und dies gehöre zu den unbequemen
Anlautsgruppen, so kann ich diese Erklärung nicht für richtig
halten; denn neben *manēre* begegnet die alte Nebenform *man-
tāre*, die sich vermutlich aus dem alten Partiz. **mantus* entwickelt hat (STOLZ Handb.³ 86, WALDE Wb.² 460); ein altes *mn-*
wäre also zu *mn̦ +* Kons. geworden, und wir sollten **mentus*

5*

erwarten. Jedenfalls aber wird durch diesen Ausweg gar nichts bewiesen, insofern, die Richtigkeit dieser Erklärung selbst vorausgesetzt, das *ə*- von *maneo* ja genau dasselbe bliebe, wie in den anderen Fällen von *scando* usw.: das $a = ə$ von *quattuor* und von *scando* ist eben ein und derselbe Laut. Daß manches von Hirts Material etwas unklar und unsicher ist, gebe ich gerne zu; allein woher weiß man denn umgekehrt, daß *tenuis* oder *hemo*, die Sommer als besonders wertvoll bezeichnet, tiefstufige Formen sind? In lit. dial. *tenvas* 'schlank', lett. *tēws* dass. haben wir doch auch Normalstufe; aber wenn diese Wörter selbst nicht vorhanden wären, so läßt sich gar nicht bestreiten, daß *tenuis* Vollstufe enthalten **kann**; denn wo Schwundstufen begegnen, muß auch eine Vollstufe vorhanden. sein, und daß Worte, sonst ganz gleich, sich nur in der Ablautsstufe unterscheiden, ist wahrlich in der idg. Grammatik etwas ganz Gewöhnliches.

Bei *hemo* vollends ist es mir wegen der *o*-Abtönung in osk. *humuns* 'homines', umbr. *homonus* 'hominibus' geradezu unwahrscheinlich, daß es Tiefstufe enthalten sollte.

Und auch sonst ist es keineswegs zu erweisen, daß *en*, *em* nicht die Normalstufe fortsetzt. Aber in *maneo* gegen μένω kann es ja selbst Sommer Handb.[2] 45 nicht leugnen, daß wir es hier mit $a = ə$ zu tun haben.

95. Somit hat uns eine Prüfung der Tatsachen im Italischen und Keltischen nicht nur die Vertretung des *ə* durch *a* in diesen Sprachen ergeben, sondern uns auch gezeigt, daß *ə* bei Nasal und Liquida geradeso vertreten ist, wie bei reinkonsonantischer Umgebung; und da ferner, wenn *ə* in der Nähe von Nasal und Liquida erscheint, kein Unterschied zwischen Stellung vor Vokal oder Konsonant zu beobachten ist, sondern in beiden Fällen dieselbe Lautgruppe erscheint (*ar*, *al*, *an*, *am*), so sind wir an dem Ansatze *ŗr*, *ļl*, *ṃm*, *ṇn* irre geworden, den viele Gelehrte immer noch beibehalten: vom Standpunkt dieser Sprachen wenigstens weist alles darauf hin, daß man dafür vielmehr *ər*, *əl*, *əm*, *ən* ansetzen muß, daß neben idg. *ŗ*, *ļ*, *ṃ*, *ṇ* auch Ansätze wie *ər*, *rə*, *əl*, *lə*, *əm*, *mə*, *ən*, *nə* anzuerkennen seien. Die Hauptsache bleibt aber dabei, daß dieser Vokal *ə* in den genannten Verbindungen auch sonst in jeder anderen Stellung begegnet und keineswegs nur an die unmittelbare Nachbarschaft von Nasal und Liquida gefesselt ist.

Wir haben nun zu prüfen, wie die anderen idg. Sprachen sich zu dieser Frage stellen.

V. Schwa secundum
in den übrigen nichtarischen Sprachen.

1. Das Griechische.

96. Wie im Keltischen und Germanischen eine Doppelheit bei Formen begegnet, die man meistens auf einheitliche Nasalis oder Liquida sonans zurückführt, so herrscht bekanntlich auch im Griechischen in den meisten Stellungen ein ziemlich willkürliches Schwanken zwischen αρ : ρα, αλ : λα. Man wird also diesen Wechsel von kelt. *ri : ar, li : al*, von germ. *ur : ru, ul : lu* mit diesem Schwanken des griechischen αρ : ρα, αλ : λα zusammenbringen müssen, umsomehr, als vom rein einzelsprachlichen Standpunkt sich die Ratio dieser Doppelformen keineswegs ermitteln läßt. Zwar meinte Thumb in Brugmanns Gr. Gr.[4] S. 100, § 69 (im Gegensatz zu Gr. Gr.[3] 86), es liege näher, den Grund der Verschiedenheit αρ : ρα auf griechischem Boden zu suchen. Da er aber selbst einräumt, daß Metathesen 'nur vereinzelt' dafür in Anspruch genommen werden dürften, so bestreite ich es, daß man es hier nur mit Wirkung des Systemzwangs zu tun habe : da dieselbe Erscheinung auch in anderen idg. Sprachen begegnet, so ist es für mich selbstverständlich, daß der Hauptanlaß dieses regellosen Wechsels in alten Ablautschwankungen zu suchen ist.

Es liegt mir jedoch fern, an dieser Stelle an neu gesichtetem Material die schwierige Frage ausführlich zu behandeln; das ist für unsere Absicht auch nicht nötig, da wir in erster Linie die vorgriechischen Verhältnisse im Auge haben. Zudem zeigen die vorliegenden Arbeiten über dieses Problem von J. Siegismund De metathesi Graeca Curt. Stud. V, 117—217 bis Hirt IF. 12, 232 ff. immerhin soviel, daß es kaum noch erwartet werden kann, in jedem Einzelfall die Verteilung von αρ und ρα zu erklären.

97. Die wichtigste und fruchtbarste Beobachtung in dieser Frage verdanken wir Kretschmer KZ. 31, 391 ff., der m. A. bewiesen hat, daß der Akzent bei der ursprünglichen Verteilung von αρ und ρα im Griechischen eine Rolle gespielt hat. Dies zeigt vor allem das Verhältnis von ἄρ gegenüber dem stets enklitischen ῥα (vgl. lit. *iȓ*); auch Fälle wie στρατός : στάρτοι · αἱ τάξεις τοῦ πλήθους Hes., μάρτυς : βραβεύς, μάρπτω : βρακεῖν, κάρτος und dor. κάρρων : κρατύς, κραταιός, θάρσος (bei Homer recht häufig gegen nur einmaligem θράσος Ξ 416) : θρασύς, βάρδιστος : βραδύς, βραδέες, vgl. ai. *mṛdúḥ* (J. Schmidt Krit. 28) u. a. Kretschmer hätte ferner auf die *ti*-Abstrakta hinweisen können, die ursprünglich bei Suffixbetonung Schwundstufe des Stammvokals zeigten (φθίσις, τίσις, χύσις, βάσις, τάσις usw.), im Griechischen aber sekundär den Akzent zurückzogen; sie haben vorwiegend άρ, άλ : z. B. στάλσις, κάρσις, ἄλξις, ἄρσις, ἄγαρρις; man halte mit ihnen etwa die oxytonierten *u*-Adjektiva zusammen, wie θρασύς, κρατύς, πλατύς, βραχύς, βραδύς. Die Verba der *neu*- oder *nā*-Klasse (ai. *ṛṇóti, stṛṇóti, mṛṇā́ti, gṛbhṇā́ti*) haben im Griechischen wegen des zurückgezogenen Akzents άρ, z. B. μάρναμαι (aber βαρνάμενος aus älterem βρανά-, μρανα- wegen des β-), πτάρνυμαι, ἄρνυμαι, θάρνυμαι (Hes.). Auch vgl. man die Hesychglosse τετάρπετο · ἐτρέπετο. Weitere Einzelbeispiele bei Kretschmer a. a. O. 393 f. Man braucht bloß diese Fälle zu überblicken, um die Unrichtigkeit von Hirts Einwand, *ṛ* sei nicht gerade häufig gewesen (IF. 7, 157), einzusehen: kommt doch auch in indischen Wörtern gar nicht so selten *ṛ* unter dem Akzent vor, wie in *ṛ́kṣaḥ* 'Bär', *ṛ́kvā* 'lobpreisend', *ṛ́jyati* 'streckt sich', *ṛ́śyaḥ* 'Antilope', *ṛ́ṣiḥ* 'Seher, Dichter, *upadṛ́k* 'Anblick', *dṛ́tiḥ* 'Schlauch', *dṛ́ṣṭiḥ* 'Sehen, Auge', *dṛ́pyati* 'wird toll', *tṛ́ṇam* 'Grashalm', *tṛ́ṣṇā* 'Durst', *tṛ́ṣyati* 'dürstet', *tṛ́pyati* 'sättigt sich', *dhṛ́ṣṭiḥ* 'Kühnheit', *ghṛ́ṇiḥ* 'Glut', *bhṛ́miḥ* 'flink', *mṛ́ṣā* 'umsonst' u. v. a. Schon diese kleine Auswahl aus einer Menge von Beispielen dürfte zur Widerlegung dieses Einwandes genügen (vgl. auch got. *wulfs* mit idg. *ḷ*). Hat doch Hirt selbst 'sekundäre Akzentverschiebung' als Grund für *o*-Abtönung angenommen — freilich nicht mit Recht, s. Verf. IF. 37, 30 ff., § 43.

Aus solchen Fällen müssen wir schließen, daß *ṛ*, wenn es sekundär den Ton bekam, den Murmelvokal *ə* vorschlug, offenbar infolge der durch die Betonung bedingten deutlicheren Aussprache der sonantischen Liquida: nicht betontes *ṛ́*, sondern *ə́r* wurde zu αρ, wie dies auch Hirt Handb.[2] 109 bereits vermutet hat. Jedenfalls stimmt diese Annahme vorzüglich zu anderen Fällen, in denen gleichfalls *ə* unter sekundär eingetre-

tener Betonung auftritt (s. u. § 158 und 164). Freilich einen strikten
Beweis zu führen, ist kaum noch möglich, da Ausgleichungen
fast alles zerstören mußten und auch zerstört haben: ein idg.
urgr. *dórkes : dŗkōm läßt sich z. B. aus griech. δάρκες · δέςμαι Hes.
und δρακῶν Gen. Plur. von δράξ 'Hand' erschließen; aber selbstverständlich konnte die Sprache im lebenden Paradigma keine
solchen Unbequemlichkeiten ertragen; entweder wurde éine der
beiden Formen, die mit αρ oder mit ρα, verallgemeinert, oder das
einheitliche Paradigma spaltete sich in zwei selbständige Wörter,
oder drittens — und das war das Übliche — trat ein regelloser Wechsel zwischen αρ und ρα ein. Unter solchen Voraussetzungen aber muß es für unseren Zweck völlig wertlos erscheinen, weiter auf Einzelheiten einzugehen, nachdem wir das
Entstehen des vorliegenden regellosen Schwankens selbst uns
recht wohl erklären können: somit wissen wir wenigstens, warum wir hier im einzelnen nichts wissen können.

98. Im übrigen glaube ich, daß Hɪʀᴛ a. a. O. mit Recht
nur ρα, λα als die griechischen Vertreter von idg. ŗ, ļ ansieht;
diese Annahme läßt sich deswegen mit gutem Grund vertreten,
weil zwar ρα, λα oft als Schwundstufe zu normalstufigem er, el
auftritt, während αρ, αλ zu Basen mit re, le kaum oder sicher
nur ganz selten begegnet. Denn das ist ja wieder das einzige
Mittel zur Beantwortung dieser Frage, daß wir Normalstufe
und Tiefstufe hinsichtlich der Aufeinanderfolge von Vokal und
Konsonant vergleichen, wenn natürlich im einzelnen Fall auch
rein mechanische Metathesis eingetreten sein kann. Dabei
ist freilich zu prüfen, ob wir es nicht etwa mit besonderen
Ablautstufen zweisilbiger Basen zu tun haben, die jene allgemeine Voraussetzung sofort umstoßen würden.

99. Da finden wir denn in zahlreichen Fällen ρα, λα
als Schwundstufe zu normalstufigem er, el wie z. B. in βραδύς,
lat. *gurdus* (lat. *ur* = idg. ŗ). — βράκανα Plur. : ahd. *moraha*
'Möhre'. — δράκων : δέρκομαι. — κράνος : got. *hvaírnei* 'Schädel'.
— πράςον : lat. *porrum*. — ῥάβδος : lat. *verbēnae*, lit. *vir̃bas*
'Rute'. — ῥάδαμνος : ῥίζα, got. *waurts* 'Wurzel'. — ῥάπτω : lit.
verpiù 'spinne'. — τραςιά : τέρςομαι. — ἔμβραται · εἵμαρται, ἐμβρα-
μένη · εἱμαρμένη Hes. : μέρος. — βαρνάμενον gegen μάρναμαι
(korkyr. SGDI. 3189. 3175 s. J. Sᴄʜᴍɪᴅᴛ Krit. 26) setzt wegen
des β ein *βρανάμενος, *μρανάμενος, βαρδῆν ebenso *βραδῆν
voraus. — -ςτρατός : ςπείρω, δρατός : δέρω usw. — ἔπραθον :

πέρθω, ἔδρακον : δέρκομαι, ἔπραδον : πέρδομαι, τραπείομεν (Γ 441,
Ξ 314) : τέρπω, τραφεῖν : τρέφω usw. — δράσσομαι : lit. *dir̃žas*
'Riemen'. — θρασύς : θέρσος (aeol.). — τράμις : nhd. *Darm.* — κράδη :
κόρδαξ. — ἀστραλός · ὁ ψαρὸς ὑπὸ Θετταλῶν Hes. : lat. *sturnus.*
— γράσων · μωρέ Hes. : lat. *gerro* 'Maulaffe' (Terenz Heaut. 1033,
s. G. MEYER Gr. G.[3] 50). — κραδία : *cord-is*, got. *haírtō* usw —
ῥατάνη, el. βρατανα (d. h. *Ϝρατάνα) zu lat. *verto* usw. — ἀχράς :
ἄχερδος 'Birnbaum'. — ἄτρακτος : ai. *tarkúḥ* 'Spindel'. — κράνος,
κράνον : lat. *cornus*, lit. *kirnis* 'cerasus'. — αὖλαξ (d. i. ἀϜλακ-)
zu ἕλκω. — τράπεζα, τέτρατος usw. : lit. *ketvir̃tas.* — τετράων,
τετράδων : τατύρας, lit. *teterwa* 'Birkhuhn', *tēterwinas* 'Birkhahn,
Auerhahn'. — λάσιος : ir. *folt* 'Haar'. — πρακνόν · μέλανα zu
ai. *pŕśniḥ* 'gesprenkelt', ahd. *forhana* 'Forelle' neben περκνός,
περκάζω, περκαίνω; πρεκνόν (Hes.) ist Kontamination der hoch-
und tiefstufigen Form, da προκάς, πρόξ für πρακνόν wohl nicht
in Betracht kommen. — γράφω : nhd. *kerben.* — πλατύς : ai.
pr̥thúḥ. — βλαδαρός, βλαδός Hes. : *mr̥dúḥ, mollis.* — βλάβη :
lat. *mulcāre.* — el. ἐϜλανέως 'insgesamt' : ἀολλής. — πίπλαμεν :
ai. *pipr̥máḥ* 'wir füllen', ἀμβλακίσκω, ἀμπλακίσκω (Basis *mlak-*,
ml̥k-) zu μάλεος, arm. *meł*, *metk* 'Sünde', ir. *mellaim* 'betrügen' u.a.m.

100. Solchen Belegen, die die Vertretung von idg. *r̥*, *l̥*
durch ρα, λα beweisen, stehen nur ganz wenig Fälle gegenüber,
in denen αρ, αλ die Tiefstufe zu hochstufigem -*re*-, -*le*- zu bilden
scheint: es handelt sich eigentlich nur um κάρτα neben κρατύς,
κράτος, κρατέω, κραταιός usw. zu aiol. κρέτος und zweitens um
ταρφύς, ταρφειαί zu τρέφω, τρόφις. Allein diese beiden Fälle
können nichts beweisen; denn κάρτα hat auf alle Fälle in got.
hardus, aisl. *harðr*, ags. *heard*, as. *hard*, ahd. *hart(i)* 'hart' eine
Stütze, so daß demgegenüber die Frage, wie κρέτος entstanden
sei, nur von untergeordnetem Interesse ist; vielleicht ist κρέτος
nur eine (dialektische?) Neubildung : *κέρτος und κράτος hätten
dann κρέτος erzeugt, weil Muster wie θέρσος : θρασύς dies be-
günstigten; dabei darf man aber den dor. und ion. Komparativ
κρέσσων nicht übersehen (OSTHOFF MU. 6, 190 ff.), der ebenfalls
einen Stamm κρετ- voraussetzt, aber wohl auch nicht ursprünglich ist; vielleicht ziehen es andere deshalb vor, eine zweisilbige Basis anzusetzen, wie dies für Fälle wie κάρφος, καρφίς :
lit. *skrebiu, skrepti* 'trocken sein', aisl. *skorpinn* 'eingetrocknet'
(FALK u. TORP Norw. Et. Wb. II 1019) auf der Hand liegt. Die
homerischen Worte ταρφύς und τάρφος gehören lediglich der

epischen Kunstsprache an[1]), und somit ließe sich hier Metathesis
nach metrischen Gesichtspunkten annehmen, vgl. etwa ἀτραπός:
gegen hom. ἀταρπός (P 743, ξ 1), ἀταρπιτός (Σ 565, ρ 234, nur
ν 195 auch ἀτραπιτοί) zu τραπέω ʿWeintrauben tretenʾ oder
homer. Κράπαθος (B 676) für sonstiges Κάρπαθος (so auch Hom.
Hymn. in Apoll. Del. 43). Wir ziehen es freilich vor, im Gegensatz
τάρφεα : τραφερός vielmehr Kretschmers Regel wiederzuerkennen.
Weiteres bei Hirt IF. 12, 232 ff., der betont, αρ finde sich bei
Homer oft da, wo sonst metrische Dehnung herrsche. Also
lehrt eine nähere Betrachtung, daß in der Tat idg. *ṛ, *ḷ* nur durch
ρα, λα im Inlaut vertreten sind, αρ, αλ dagegen beruhen auf
idg. *ər, əl*. Wir müssen daher schließen, daß im Wortanlaut
und im Auslaut, wo nur αρ, αλ erscheint in Formen, bei
denen andere Sprachen auf *ṛ, ḷ* weisen, in urgriech. Zeit der
Murmelvokal vorgeschlagen worden ist: also ai. *ŕkṣaḥ* : ἄρκτος,
ai. *ṛṣabháḥ* ʿStierʾ : ἄρϲην, ἄρρην, lit. *iř* ʿundʿ ἄρ(α), lit. *rāgas*,
aksl. *rogъ* ʿHornʾ, mhd. *regen* ʿsich erhebenʾ: ἄρχω ʿrage hervor, herrscheʾ[2]). Es muß dabei auffallen, daß alle diese Beispiele
für αρ im Anlaut den Akzent tragen, daß demnach ἀρ schon
nach Kretschmers Regel (s. o. § 97) erscheinen muß[3]). Im
Auslaut zeigen -αρ viele Neutra, wie ἄλειαρ, ἄλειφαρ, ἄλκαρ,
δέλεαρ, ἔαρ, εἶδαρ, εἶλαρ, ἦμαρ, ἧπαρ, μάκαρ, μῆχαρ, νέκταρ, ὄναρ,
πεῖραρ, τέκμαρ, ὕπαρ, φρέαρ, dazu das fem. ὄαρ, ὦρ ʿGattinʾ.
Wenn in diesen -αρ teilweise auch altes ər fortgesetzt sein kann
(ἡμέρα : ἦμαρ), so muß bei den heteroklitischen *r/n*-Stämmen

---

[1]) Die Wörter begegnen außer bei Homer nur Apoll. Rhod. 4, 1238
(τάρφεα), Aesch. Sept. 535 (ταρφύϲ), Hesiod Theog. 693 (ταρφέεϲ) und Luk.
Jup. trag. 31 (in einem Orakelspruch ταρφέοϲ).

[2]) ἀρχόϲ ʿpodexʿ (Athen. 3, 107 A aus Epicharm, Arist. h. an. 2, 74)
gehört keinenfalls zu ὄρροϲ, sondern zu ἄρχω *ʿrage hervorʾ, ἀρχόϲ ʿAn-
führerʾ, und das Wort ist wichtig, weil es die ursprüngliche Bedeutung im
Griechischen bewahrt hat: da nhd. *Steiß*, ahd. *stiuz* zu *stoßen* gehört
(*Stoß* ʿSchwanzfedern des Vogelsʾ s. Much ZfdA 42, 169 f.), da air. *err*
(zu ὄρροϲ usw.) auch ʿSpitzeʾ bedeutet, und da vor allem nhd. *Bürzel* zu
schweiz. *borzen* ʿhervorstehenʾ zu stellen ist, kann die Zusammenstellung
von ἀρχόϲ ʿpodexʾ mit ἄρχω *ʿrage hervorʾ nicht bezweifelt werden.

[3]) ῥάβδοϲ, ῥατάνη, ῥάδαμνοϲ, ῥαδινόϲ, ῥάδιοϲ, ῥάκοϲ, ῥαπίϲ, ῥάπτω
enthielten Digamma im Anlaut, ῥαίνω, ῥάμα usw. altes *s-*; in Wörtern,
wie ῥάπυϲ, ῥάφυϲ, ῥαφάνη, ῥαφανίϲ haben wir natürlich von idg. *rv* auszugehen, vgl. lat. *rāpum, rāpa*. ahd. *ruoba*, aksl. *rěpa*, lit. *rópė* ʿRübeʾ;
ῥα neben ἄρ kommt als enklitisches Wort nicht in Betracht (§ 97).

jedenfalls der Nominativ auf -$ṛ$ beruhen: (ἧπαρ : *yákṛt*, ἔαρ : *vēr*
usw.) : auslautendes -$ṛ$ wurde also urgr. zu -$ər$.

101. Auch vor $i̭$ ist bekanntlich $ṛ, ḷ$ zu αρ, αλ geworden,
begreiflicherweise, da sonst unerwünschte Lautverbindungen
entstanden wären. Vor $i̭$ können wir aber idg. -$ṛi̭$- und -$əri̭$-
trotzdem auseinanderhalten, weil altes $ə$ ja vor folgendem $i̭$
unter bestimmten Bedingungen zu ι oder υ sich wandelte, wie
oben gezeigt (§ 38 und 49):

idg. $ṛi̭$ > griech. αιρ,

idg. $əri̭$ (kombinatorisch) > ιρ, υρ.

Solche Fälle kann man auch tatsächlich noch nachweisen:
ich möchte mir das Nebeneinander von cφαῖρα : cφῦρα (ἀμφίcφαιρα 'Sandale' : ἀμφίcφυρα · εἶδος ὑποδήματος γυναικείου Hes.?),
cκάλλω : cκύλλω, cαίρω : cύρω u. a. so erklären.

102. Bei idg. $ṇ̊, ṃ̊$ ist der Wechsel von Reduktions- und
Tiefstufe besonders deutlich nachzuweisen, weil antekonsonan-
tisches $ṇ̊, ṃ̊$ ja als α erscheint. Man wollte solche Fälle bis
jetzt als Störenfriede mittels Annahme von Analogiebildungen
aus der Welt schaffen: dies ist aber keineswegs nötig und
richtig. Man vergleiche

a) idg. $ən, əm$ = αν, αμ, z. B. in κάνδαρος · ἄνθραξ, wie lat.
candeo, cymr. *cann*, wegen ai. *candráh* (idg. **ḱend-*) (s. o. § 66);
wie auch WALDE Wb.[2] 121 richtig betont, ist die Zurückführung
von griech. -αν- auf idg. -$ṇ̊$- hier ausgeschlossen. — λαγχάνω
gegen λάχος n. 'Schicksal', gehört, wie OSTHOFF MU. 6, 6 aufs
neue erörtert hat, zu lit. *perleñkis* 'der jmd. zufallende Teil,
Anteil', preuß. *perlānkei* 'es gebührt', aber ahd. *gilingan* und
aksl. *polučiti* 'λαγχάνειν' müssen fern bleiben (BERNEKER Et. sl.
Wb. 743). — χανδάνω gegen Fut. χείcομαι, Perf. κέχονδα, lat.
prehendo, alb. $ǵ$*endem*. — τάμνω (hom. dor. neuion.) zu τέμνω,
τόμος usw., dieselbe Präsensbildung mit idg. $əm$ auch in aksl.
tьną 'spalte, haue' (und ir. *tamnaim* 'haue'? FICK Wb. 2[4], 122). —
μανθάνω : μενθήρη · φροντίς Hes. — λαγγών m. 'Zaudern', λαγγάζω
'zaudere', λαγγώδης 'zaudernd' gehört zu lit. *lingoju, lingoti* 'sich
fliegend wiegen, mit dem Kopf wackeln', *lingŭju, lingŭti* 'den
Kopf neigen und wieder heben', *lingótojis* 'wer den Kopf viel
neigt und hebt', doch auch von schwankendem Rohr gebraucht;
also **ləng-* 'schwanken' zu mhd. *linc* 'links', ahd. *lenka* 'Linke',
s. PRELLWITZ Wb.[2] 256, BOISACQ Dict. ét.. 548, WALDE Wb.[2] 411.
— κάμνω hat seine genaue Entsprechung in ai. *śamnīte* hin-

sichtlich des Stammablauts, idg. *k̂əm-n-, da ə auch in der ersten Silbe schwerer Basen (vgl. κμητός, κάματος) erscheinen muß (s. u. IX. Abschnitt); BRUGMANNS Annahme K. vgl. Gr. 125, Grdr. 2², 3, 303 (bei BRUGMANN-THUMB Gr. Gr.⁴ 102 wird *k̂m̥-nō angesetzt), die Formen seien vielmehr aus *k̂m̥n- lautgesetzlich hervorgegangen, scheint mir ganz unhaltbar, da ich einen Nachweis der Vertretung von n̥, m̥ vor Nasal als αν, αμ ai. *an, am* in anderen Fällen vermisse: alle diese vielen besonderen Annahmen, die beim Ansatz nur éiner Schwächungsstufe nötig werden (idg. n̥n, n̥i, n̥r, m̥n usw.), verschwinden mit der Einführung von Schwa secundum.

Mit Recht erklärt PETERSSON IF. 34, 239, Formen wie griech. κεράμβυξ (zu κέρας), κεράμβηλον aus *kerəmbo-, ebenso zeigen διθύραμβος, καράμβας, σαλάμβη diesen Ausgang idg. -əmbo-.

Fraglicher ist, ob REICHELT KZ. 36, 311 mit Recht auch einen Ablaut *a-* : *e-* in der Sippe von griech. ἄγχω, lat. *ango* wegen cymr. *cyfyng*, bret. *enk*, und vielleicht auch aksl. *vȩzati*, die auf *enĝh-* deuten, als ursprünglich annimmt: das *a* würde ich dann auf ə zurückführen (s. o. § 84, Nr. 41.), doch s. WALDE² Wb. 41 f.: es gibt nämlich eine ähnlich klingende Basis *oĝh-* in air. *ochte* 'angustiae', und so könnten hier auch leicht Verschränkungen und gegenseitige Beeinflussungen zweier Reimwörter[1]) vorliegen.

---

[1]) Ich benütze die Gelegenheit, um hier in aller Kürze ein paar weitere Fälle von Reimwortbildung (s. Verf. Über Reimwortbildungen im Arischen und Altgriechischen, Heidelberg 1914) zusammenzustellen, die mir nachträglich aufgefallen sind: 1. idg. *qʷr̥mis* 'Wurm' (ai. *kr̥miḥ*, lit. *kirmis*, air. *cruim*, cymr. *pryf*) : *ur̥mis* dass. (lat. *vermis*, got. *waúrms* 'Wurm'), s. BARTHOLOMAE ZDMG. 50, 692; 2. armen. *daku(r)* 'Axt' : *sakur* 'Streitaxt', LIDÉN Arm. Stud. 55; 3. armen. *sosord* 'fauci' : *kokord* 'fauci', LIDÉN a. a. O. 134; 4. griech. δύναμαι : gort. νύναμαι s. BRUGMANN Grdr.² 2,3,306, § 219; 5. griech. σαμβύκη 'musikalisches Instrument' : ἰαμβύκη ebenfalls 'ein musikalisches Instrument' (Athen. 14, 636 B): offenbar nach σαμβύκη von ἴαμβος aus gebildet; 6. die nhd. Flußnamen *Regnitz : Pegnitz* (vgl. die danebenstehenden *Rednitz* und *Retzat*, die das Entstehen des Reimpaars erklären; 7. *Pumpe, pumpen* : dial. *(Wasser)-gumpe*; 8. Besonders ist mir noch die Reimwortbildung bei Eigennamen aufgefallen: vor allem weise ich auf die beiden Riesenmädchen *Fenja* und *Menja* in der Edda hin (Belege bei GERING Vollst. Wörterb. S. 1273 und 1324), ein weiterer Beweis für meine Behauptung, daß Namen und Beinamen von Gottheiten und mythologischen Gestalten oft mit Absicht reimend geprägt wurden (a. a. O. S. 219, vgl. griech. Ἴακχος : Βάκχος und Ἔρως : Πτέρως, Platon, Phaidr. 252 B., lat. *Carmenta : Larenta*). Zwei der altnordischen Walküren heißen *Hrist* 'Sturm' und *Mist* 'Nebelwolke' (Grm. 36¹). Allein

b) idg. *nə*, *mə* = gr. να, μα, z. B. in κνάφος, κναφεύς gegen κνέφαλον. — ναίω, ἀπενάccατο, dor. νᾱός, aeol. ναῦος aus *νacϝόc zu νέομαι, νόcτος (o. § 66). Mit Unrecht versuchten Brugmann-Thumb Gr. Gr.[4] 98, diese να als Analogiebildung zu fassen, da *ἀίω aus *n̥sio viel zu sehr von νέομαι, νόcτος lautlich getrennt gewesen wäre, um den Vorschlag von ν- auf dem Wege des Systemzwangs plausibel erscheinen zu lassen: das ist ja auch in ἄcμενος nicht geschehen. Zudem entspricht dem griech. κνάφος, κναφεύς das lit. *knibù*, *kni̇̀pti* 'zupfen, klauben' zu *knebénti* 'klauben', so daß *ə* (= griech. α, lit. *i*) aus zwei Sprachen erwiesen wird, s. J. Schmidt Krit. 85 f., Osthoff MU. 6, 212 f. und o. § 66.

Vor *i̯*, *u̯* war in urgriechischer Zeit *ən*, *əm*, nicht *n̥*, *m̥*, entwickelt: die Vorform von μαίνεται war nicht *mn̥i̯e-tai*, sondern *mə-ni̯e-tai*; ebenso war vor Vokal der rein sonantische

dies scheint nur eine besondere Gruppe innerhalb anderer Fälle reimender Personennamen zu sein, vgl. bei Fr. Reuter *Minning* und *Linning*, *Fräulein Salchen* und *Fräulein Malchen* (Stromtid III, Kap. 38), die *Kegel*, *Pegel*, *Flegel* und *Vœsel*, *Dœsel*, *Pœsel* (Stromt. I, Kap. 8), die *Ohm*, *Bohm*, *Drohm*, *Sohm* (Reise nach Konstantinopel, Einleitung). In Falls 'Liebem Augustin' kommt eine Vorstellung folgender Hofdamen vor: Gräfin *Brtsch*, *Crtsch*, *Drtsch*, *Frtsch*, *Grtsch*, *Hrtsch* (II. Finale). Bei Dickens, Bleak house treten Lord *Boodle*, *Coodle*, *Doodle* usw. auf (Bähnisch Deutsche Personennamen 11): Man sieht hier überraschend deutlich die Macht des Reims. Durch mehrere Zeitungen ging kürzlich ein Namensverzeichnis einer schwäbischen Kompagnie bei der Feldpost (z. B. Heidelberger Zeitung vom 4. Jan. 1916; den Verfasser dieser Notiz hat der Reim geleitet; Vgl. *Dutterle : Kutterle, Dauserle : Mauserle, Schäufele : Täufele, Butzle : Hutzle, Epple : Schlepple, Herrle : Sperrle, Stäuble : Däuble : Häuble, Wichterle : Fichterle, Stölzle : Pölzle : Hölzle : Grölzle*. Gerade solche aus der Zeitung genommene Belege aus der lebendigen Sprache sind für den Sprachforscher recht lehrreich. *Eissele Beissele* ist in meinem rheinhessischen Heimatsdialekt die scherzhafte Bezeichnung für einen häßlichen, albernen Menschen, vgl. die beiden Figuren in den 'Fliegenden Blättern'. — Viele Literatur über Reime im Kinderlied und Kinderspiel bei K. Wehrhan Kinderlied und Kinderspiel, Leipzig 1909, über den Kunstreim in Literatur und im Zauberspruch s. auch Norden Antike Kunstprosa II[2], 810 und Agnostos Theos passim. Je mehr man auf Reimwörter achtet, um so mehr zeigt es sich, daß der Reim nicht nur eine *Gedankentrommel*, sondern — wenn man diese originelle Bezeichnung Herders variieren darf — vor allem auch eine *Worttrommel* genannt werden kann. Natürlich spielt auch in nicht-idg. Sprachen der Reim bei Wort- und Formenbildung eine große Rolle; so im Chinesischen (vgl. Finck Haupttypen d. Sprachbaus S. 18), im Georgischen (A. Dirr Gramm. S. 12) und besonders im Ungarischen (vgl. Simonyi Die ungarische Sprache, S. 265 f., sog. *ikerszók* 'Zwillingswörter'). Die große Bedeutung der Reimwortbildung für das Sprachleben möge diese Abschweifung entschuldigen.

Nasal *ņ, ṃ* zu *ǝn, ǝm* geworden, z. B. μα-νῆναι, lit. *mi-néti*, aksl.
mъ-nĕti, got. *mu-nan* (idg. **mǝ-nē-* mit dieser Silbentrennung!)
und so in allen Fällen.

103. Nun handelt es sich aber nicht um einen nur bei
Nasal und Liquida erscheinenden Murmelvokal, also nur um
einen 'Stellungslaut', dieser reduzierte Vokal *ǝ* ist nicht aus
dem Stimmton des einstigen *ŗ, ļ* erwachsen, sondern er ist das
auch sonst in jeder beliebigen Stellung erscheinende Schwa
secundum, er ist die Schwächung und der Überrest des in
Normalstufe den Nasalen und Liquiden vorhergehenden oder
folgenden *e*, worauf auch die Silbentrennung hinweist. Schon
HIRT hat IF. 7, 143 mit Recht auf diesen Punkt verwiesen; von
den Silben

  normalstufig *bhe | re-* kann die erste nur
a) als Reduktionsstufe *bhǝ | re-* = griech. φα-ρέ-τρα, aksl. *bъ-rati*,
    got. *baú-rans*, oder
b) als Schwundstufe *bh | re-* ergeben, vgl. δί-φρ-ος.

Selbst wer *ŗ-r* ansetzt, könnte diese Lautgruppe nur als
jüngere Übergangsform aus ursprünglicherem *ǝr* ansehen; dies
verbietet sich aber deswegen, weil nirgends die Geminate wirklich erscheint. Den Ansatz *ŗʳ* aber kann ich nicht billigen,
ebensowenig die Annahme BRUGMANNS KvglGr. 123, daß bei
antesonantischem *ņn, ŗr* überall die Silbenscheide bei der Entwicklung des Vollvokals unmittelbar hinter diesen gekommen
sei; für alle diese Hypothesen ist kein Beweis zu liefern, im
Gegenteil, sie sind an sich schon höchst unwahrscheinlich und
lediglich entstanden, um den Ansatz *ŗr* zu verteidigen. Sobald
wir Schwa secundum ansetzen, ist die Schwierigkeit behoben,
und diese Fälle werden vor allem in einen großen Zusammenhang gleichartiger Lautschwächungen eingereiht.

104. Denn wir haben oben § 67 bereits gezeigt, daß idg. *ǝ*
spontan im Griechischen durch *a* vertreten ist; zu den bereits
genannten Fällen fügen wir etwa noch σάφα : σοφός und ἀστράγαλος : ὄστρακον, da wir dieser lautgesetzlich möglichen Deutung
den Vorrang geben vor dem Versuch, mit Vokalassimilation hier
auskommen zu wollen (s. o. § 85,5). Griech. ἄφνω hat man mit ir.
opunn 'plötzlich' verglichen (PEDERSEN, Vgl. Gr. I, 161, § 97, 5),
vgl. auch ai. *ahnāya* 'sogleich', aksl. *abije* 'sofort'. Vielleicht
läßt sich auf diesem Wege, indem man α = idg. *ǝ* setzt, κα neben
κε(ν) wie γα neben γε (o. § 67) als Ablautvariante verstehen.

B. Schmidt IF. 33, 318 hat im Griechischen einleuchtend einen Suffixablaut -αδ- (aus -ǝd-) : -δ- angenommen für Formen, wie μιγάc : μίγδα, φυγάc : φύγδα, ῥαγάc : ῥάγδα, κρυβάζω (Hes.) : κρύβδα, κυβάζω (Hes.) : κύβδα; in diesen Beispielen geht mit dem verschiedenen Ablaut auch die wechselnde Betonung Hand in Hand, ein Zeichen der Ursprünglichkeit dieses Typus. Weitere Beispiele o. § 67.

105. Es handelt sich also nicht darum, ob man idg. ŗ̄r oder ŗr oder ǝr usw. schreibt, sondern die Hauptsache ist — wie immer wieder betont werden muß — die Erkenntnis, daß dieses ǝ in ǝr, rǝ, ǝl, lǝ usw. ebenderselbe idg. Vokal ist, der sich als selbständiger Laut auch bei Verschlußlauten findet: es ist gleich, ob der Nasal oder die Liquida vor Konsonanz oder vor Vokal steht, ob es sich um Schwächungen zu normalstufigen Silben mit Nasal oder Liquida oder solchen mit einfachen Konsonanten handelt: neben völliger Schwundstufe gab es auch seit idg. Zeit Reduktionsstufe, bei der das normalstufige e nicht ausfiel, sondern zu ǝ sich schwächte. Es war verkehrt, wenn Osthoff die griech. Formen mit να, μα 'Seitengestalten der gewöhnlichen Formen der Nasalis sonans' genannt hat, denn die 'Seitengestalten' sind nicht auf Nasalis oder Liquida sonans beschränkt: wie im Lateinischen das a von *magnus, quattuor, manco, scando, sarcio, varus* usw. stets denselben idg. Laut fortsetzt, so gehen griech. α (ι, υ) in χανδάνω, ἄρκτος, κνάφος, μανῆναι (πίτνημι, νύκτι-) sämtlich auf den gleichen idg. Murmelvokal zurück: somit ist die besondere Stellung, die die Nasale und Liquiden nach der eben herrschenden Ansicht einzunehmen schienen, nicht mehr begründet und damit eine große Vereinfachung in der Analyse eingetreten. Daß ich natürlich an der Schwundstufe festhalte und die idg. Ansätze ŗ ḷ ṃ ṇ für viele Fälle als durchaus begründet und unanfechtbar ansehe, sei wegen der bekannten Polemik J. Schmidts doch ausdrücklich noch hervorgehoben: dieser Gelehrte hatte mit seiner übertriebenen Kritik der Liquida und Nasalis sonans das Kind mit dem Bad ausgeschüttet.

Daß in vielen Formen das ǝ auf analogischem Wege beseitigt wurde, ist von vornherein wahrscheinlich, schon weil die Belege für ǝ = α nicht allzuhäufig sind und nur in isolierten Formen sich zeigen: so wird lat. *pedis* aus **pǝdés* also ein ursprünglicheres **padis* verdrängt haben, wenn nicht schon voreinzelsprachlich **pedés* wiederhergestellt worden war; somit

ist in der Tat in vielen, meinetwegen auch in den meisten
Fällen die unbequeme Reduktionsstufe beseitigt und das normalstufige *e* wiederhergestellt worden. In diesem Sinne mag
Brugmann Kvgl. Gr. 141 in der Hauptsache schon recht haben;
nur hoffen wir, im Gegensatz zu seiner Darstellung, die ja auch
von ihm theoretisch angesetzte Schwächung von *e* in weitem
Maße noch tatsächlich nachgewiesen zu haben: der Standpunkt,
den Hirt IF. 7, 138 ff., Ablaut 14 ff. und Gr. L. u. F.² § 106
bereits einnahm, ergibt sich uns im großen und ganzen als der
richtige, wenn wir auch in Einzelheiten abweichen und vor
allem den Ansatz dreier Schwächungsprodukte kurzer Vokale
(*e a o*) für unrichtig halten müssen. Jedenfalls stimmen die diesbezüglichen Verhältnisse des Griechischen in allen Punkten mit
den für das Italische und Keltische oben gewonnenen Ergebnissen.

2. Das Germanische.

106. Die oben mitgeteilte Gleichung mir. *nasc* 'Ring',
fonaiscid 'verpfichtet', ahd. *nusca, nuscia, nusta* gegen aisl. *nist(e)*,
ahd. *nestila* 'Bandschleife', nhd. 'Nestel' zeigt uns, daß *ə* im
Germanischen durch *u* vertreten ist (§ 86, Nr. 16).

2. Ein zweites Beispiel haben wir bei lat. *nactus* kennen
gelernt, das seine Reduktionsstufe teilt mit got. *binauhts, ganauha,*
ahd. *ginuht,* ags. *benuᴈon* gegenüber den vollstufigen Formen
got. *ganah,* lit. *neszù,* aksl. *nesą* (§ 83, 3). Dazu seien als weitere Beispiele für *ə* = germ. *u* nach Nasal und Liquida genannt:

3. Ahd. *knetan,* nhd. *kneten,* ags. *cnedan* gegen aisl. *knoða*
'kneten'; dazu aksl. *gnetą* (Brugmann Grdr. 1², 1, 393, § 430 A 1)
und got. *knussjan* Streitberg IF. 23, 117 f.).

4. Ahd. *nasa,* aisl. *nǫs,* ags. *næs* (vgl. aksl. *nosᴢ*) : aber ags.
nosu 'Nase', engl. *nose.*

5. Mhd. *matte* neben *motte, mutte,* ags. *moððe,* aisl. *motti*
'Motte'.

6. Aisl. *knǫttr* 'Kugel, Ball', *knatti* 'Bergkuppe', norw.
knott 'kurzer, dicker Körper' gegen ags. *cnotta,* mnd. *knutte*
'Knollen', ahd. *cnodo,* nhd. *Knoten* (germ. *knaþ-* : *knəþ-,* da *tt*
wohl aus *dnᴢ* entstanden).

7. Mnd. *kretten,* ahd. *krazzōn* 'kratzen' gegen aisl. *krota*
'eingraben' (*krat-* : *krət-*).

8. Aisl. *knappr* 'Knorren, Knopf', ags. *cnæpp* 'Gipfel, Knopf'

gegen norw. (dial.), *knupp* 'Knospe', mnd. *Knuppe*, ahd. *knopf* 'Knopf' (*knabn⊥* : *knəbn⊥*).

9. Ags. *mycel* 'groß' glaube ich umsomehr auf urgerm. **mukila,-* **məkila-* zurückführen zu dürfen, als wir in lat. *magnus* dieselbe idg. Reduktionsstufe vorfanden (s. auch NOREEN Urgerm. Lautl. 99) : ags. *micel* : *mycel* = griech. μέγας : lat. *magnus*. Die Annahme von SIEVERS Ags. Gr.³ 13, § 31 A., *mycel* habe sein *y* wahrscheinlich durch Anlehnung an *lýtel,* ist also unnötig und sogar wegen der verschiedenen Quantität recht unglaubhaft. Andrerseits ist *mycel* schon so frühzeitig bezeugt (s. die Belege bei BOSWORTH-TOLLER Anglo-sax. Dict. 682 f.), daß es sich jedenfalls nicht um das rein graphische Schwanken zwischen *y* und *i* handeln dürfte.

10. Ahd. *tretan* 'treten', ags. as. *tredan* : got. *trudan,* aisl. *troða* (*tred-* : *trəd-*).

11. Mhd. *smutz* 'Kuß', nhd. (dial.) *smuck* : mhd. *smatzen,* bzw. *smackezen* 'schmatzen', BRUGMANN Grdr. 1², 1, 393 A. 1.

107. Befolgen wir für das Germanische mit seinem Wechsel von *ur* : *ru, ul* : *lu,* dasselbe Prinzip, wie früher, so haben wir also um die Vertretung von idg. *ŗ, ļ* im Germanischen zu ermitteln, solche Fälle als wesentlich zu prüfen, bei denen die Stellung des Vokals bei der Liquida in Hoch- und Tiefstufe nicht miteinander übereinstimmt.

Da sind etwa zu nennen: ahd. *bret,* ags. *bred* gegen ags. *bord,* got. *fotu-baúrd,* aisl. *borð* 'Brett'. — Aisl. *draga* 'ziehen', *drag* 'Unterlage eines gezogenen Gegenstands' gegen aisl. *dorg* aus **durgō* 'Angelschnur'. — Aisl. *hress* 'flink' : *horskr* 'klug', ags. *horsc* 'rasch, klug', ahd. *horsc* 'rasch, klug'. — Mhd. *krebe* : *korp* 'Korb'. — Aisl. ags. *þorp,* ahd. *dorf* neben ags. *þrep, þróp* s. NOREEN Abr. S. 9 und besonders S. 95 ff., BETHGE in DIETERS Laut- u. Formenl. S. 8, wo noch einige Beispiele, die ich hier der Raumersparnis wegen nicht alle abzudrucken brauche.

Es sieht also so aus, als ob idg. *ŗ, ļ* im Germanischen nur durch *ur, ul* vertreten seien, da in den Fällen, bei denen die Stellung des *u* mit den ablautenden Vollstufenvokalen stimmt, idg. *ə* angenommen werden kann.

108. Als Gegenbeispiele kommen Formen aus einem lebendigen Paradigma nicht in Betracht, die leicht aus Systemzwang erklärt werden können, wie etwa got. Dat. Plur. *brōþrum, daúhtrum* : so gut zu dem sicher alten Akk. Plur. *brōþr-uns, daúhtr-*

uns der Nominativ *broþrjus*, *daúhtrjus* nach dem Vorbild der *u*-Deklination gebildet wurde, kann auch der Dativ Plur. jung sein (*broþrum* wie *sunum*).

Sehen wir also billigerweise von solchen Formen ab, so bleibt als Gegenbeispiel kaum viel mehr übrig als aisl. *stroðenn* Part. zu *serða* 'Unzucht treiben', woneben *sorðenn* begegnet. In diesem Falle dürfte man mit der Annahme von einzeldialektischer Metathesis ohne weiteres auskommen, die in Fällen wie z. B. aisl. *ragr* : *argr* 'feige', oder schwed. *trosk* neben aisl. *þorskr* 'Dorsch' ganz deutlich vorliegt.

Somit kommen wir nach diesen Erwägungen zu dem Ergebnis, daß *r̥*, *l̥* im Germanischen nur durch *ur*, *ul* vertreten ist; die danebenstehenden Formen auf *ru*, *lu* dürften meistens idg. *rə*, *lə* fortsetzen, in einigen Fällen kann Angleichung an die Stellung des ablautenden vollstufigen Vokals, seltener Metathesis vorliegen. Auch *ur*, *ul* aber dürften natürlich in vielen Fällen auf idg. *ər*, *əl* beruhen, das vermutlich unter sekundärem Akzent gar nicht so selten vorkam, z. B. *wulfs* : ai. *vŕkah* (urg. *u̯ə́lf-*), *haúrn* : ai. *śŕ̥ngam* 'Horn', *þaúrnus* : ai. *tŕ̥nam* 'Dorn' usw. Ein genauer Beweis läßt sich freilich für diese Vermutung nicht mehr erbringen (s. auch S. Bugge PBB. 13, 322 f., Noreen Abr. 9).

109. In unmittelbarer Nachbarschaft von Liquida und Nasal ist also jedenfalls idg. *ə* im Germanischen als *u* vertreten. Kommt dieser reduzierte Vokal auch sonst, d. h. in Umgebung einfacher Konsonanten vor? Dann wäre ja wieder dieselbe Lage wie im Italischen und Griechischen nachgewiesen.

Da ist es denn bezeichnend, daß Sievers PBB. 16, 235 f. geradezu behauptet hatte, das Schwa indogermanicum ergebe im Germanischen *u*, mindestens 'unter gewissen Bedingungen'. Das ist zwar sicher unrichtig; idg. *ə* gibt germ. *a*, wie man jetzt auch allgemein annimmt, und wie die bekannten Gleichungen ai. *pitár-* : got. *fadar*, ahd. *fater* oder ai. *sthitáh* : aisl. *staðr*, ai. *sthítih* : got. *staþs* usw. zeigen. Wohl aber ist ein dem Schwa sehr ähnlicher 'Murmelvokal', eben unser Schwa secundum, der Reduktionsvokal kurzer Vokale, im Germanischen zu *u* geworden, und das erklärt uns mancherlei, was bisher nicht recht zu deuten war. Hirt Ablaut 16 ist auf das Germanische gar nicht eingegangen und scheint demnach zu glauben, *ə* sei mit der Vollstufe *e* zusammengefallen. Aber

gerade das Germanische bietet eine wesentliche Stütze für
unsere Annahme zweier idg. Murmelvokale.

110. Eines der deutlichsten Beispiele scheint mir griech.
ἠίθεος, ai. *vidhávā*, aw. *viδavā*, air. *fedb*, cymr. *gweddw*, aksl. *vьdova*,
apr. *widdewū* 'Witwe' (nur cymr. *gweddw* ist 'Witwer', ἠίθεος
'Junggeselle'); lat. *vidua, viduus* aus **vidheu̯ā.* Got. *widuwō*, ahd.
wituwa, as. *widowa* erklären sich also aus **u̯idhəu̯ā.* — *-zug* in
ahd. *zweinzug, drīzug*, aisl. *tuítugr, þrítugr, tuttugu* gegenüber got.
tigus, aisl. *tigr, tegr*, griech. δέκα, lat. *decem*, got. *taíhun* usw.[1]).
Es ist mir nicht verständlich, wie man in diesem Fall Schwa
(primum) annehmen konnte, da hier die Reduktion eines langen
Vokals ganz unmöglich ist. Daher muß ich STREITBERGS Lehre
(IFA.2, 47f., UG. § 56), daß Schwa (primum, also *v*) in unbetonter Silbe zu germ. *u* geworden sei, für irrig halten, s. auch
BRUGMANN Grdr. 1², 177. Daß wir nämlich *v* und *ə* nicht
gleichsetzen dürfen, eine Frage, die wir bisher noch offen
ließen, das zeigen gerade die Belege aus den germanischen
Sprachen, in denen *v* durch *a* vertreten ist, z. B. lat. *ratio* :
got. *raþiō* 'Zahl', as. *reðia*, ahd. *redea* usw. zu mhd. *rām* 'Ziel',
lat. *reor* 'glaube', *rēri*, lit. *réti* 'schichtweise legen'; in *raþiō* ist
also idg. *rv* als anlautende Gruppe vorauszusetzen. Ähnlich
muß aisl. *hnakki* neben ags. afries. *hnekka* 'Nacken' *nv* enthalten
haben, denn es gehört zu norw. *nøkja* 'krümmen' aus **nōkjan.*
Vgl. ferner ahd. *slaf* 'schlaff': got. *slēpan.* Auch im Griechischen
muß man übrigens *v* von *ə* trennen, da *v* keineswegs unter denselben Bedingungen sich zu ι oder υ wandelt wie *ə* : ῥάπις aus
*ῥv̥πις zu ῥῶπες (*rəpis ergäbe **ῥύπις), διπλάσιος : πλη-. Somit
haben wir also für das Germanische zu trennen:

idg. *v* = germ. *a*,

idg. *ə* = germ. *u*.

Daß *ə* so häufig in Endsilben vorkommt, liegt in der
Natur der Sache: in dieser Stellung war ein kurzer Vokal besonders leicht reduziert worden[2]).

111. An weiteren Fällen seien z. B. noch genannt:

---

[1]) An Dissimilation (BRUGMANN Gr. 2², 37) ist nicht zu denken.

[2]) Dasselbe *u* = idg. *ə* scheint auch in germ. **meluk-* 'Milch' (got.
miluks, ags. *meoluc*, afries. *melok*, as. *miluc*, ahd. *miluh*) gegen idg. **melĝ-*
(z. B. in ἀμέλγω, lat. *mulgeo*, ai. *mr̥játi* usw.) vorzuliegen: die 'Vokal-
entfaltung' (s. FEIST Got. et. Wb. 196) führte eben zu *ə*, einem überkurzen
Murmelvokal; ähnliche griech. Fälle s. o. § 38.

3. Dem aisl. ags. *stofn* 'Stamm' aus *stubna- hat schon
SIEVERS a. a. O. 237 aisl. *stafn* aus *stabna-, ags. *stefn*, as. *stamm*,
ahd. *stam* aus *stabni- entgegengesetzt. Auch die Annahme einer
Verquickung mit einem dem ir. *tamon* 'Baumstamm' entsprechenden Worte ist für die 'Ablautsentgleisung' von keinerlei Belang.
Die Sippe von aisl. *stubbr* 'Baumstumpf', ags. *stybb* dass. liegt
zu weit ab, um eine Einwirkung wahrscheinlich zu machen.

4. Nhd. *Stecken* : *Stock* scheinen sich auf diese Weise gut
vereinen zu lassen; ihre Trennung ist zweifellos unnatürlich und
wurde eben nur durch die angebliche lautliche Schwierigkeit
bedingt. Die Normalstufe ist in *Stecken*, ahd. *stecko, stehho*, anied.
stekko 'Stecken, Pfahl' enthalten; das *i* in den nahe anklingenden
aisl. *stikka* 'Stecken, Stange', ags. *stikka* 'Stecken', engl. *stick*
beruht auf Umbildung nach der Sippe von griech. στίζω, lat.
instīgāre, got. *stiks* 'Punkt', ahd. *sticchen* 'sticken', ags. *stician*
'stechen', und zwar insbesondere wohl der Worte aisl. *stikill*
'Hornspitze', ags. *sticel*, ahd. *stichil*, nhd. *Stichel*. Für den alten
e/o-Vokalismus unserer Basis *stek*- in nhd. *Stecken* zeugen auch
aisl. *stjaki* 'Pfosten', *ljósa-stjaki* 'Kerzenhalter, Leuchter', ags.
staca 'Pfahl', sowie die weiteren Verwandten lit. *stegerỹs* 'dürrer
langer Stengel', nsl. *stežje* 'Stange', *stožanje* 'Türstock'. Die
Bedeutungsdifferenz verrät deutlich, wohin *Stecken* gehört und
zeigt, daß erst sekundär Einwirkung der Verwandten von *Stichel*,
Stachel angenommen werden muß. Engstens zu *stek- ist nun
nhd. *Stock*, ahd. *stoc*, Gen. *stockes* 'Stock, Stab, Baumstamm, ags.
stock, aisl. *stokkr*, and. *stok* 'Stengel, Stock' zu stellen, aus
*stukka- mit der idg. Stammesgestalt *stǝg- hervorgegangen.

5. Wie SIEVERS a. a. O. werden wir nhd. *Schaukel* (vgl. dial.
Schockelgaul), mhd. *schocke* 'Schaukel', *schocken* 'schaukeln', ahd.
scoc 'schaukelnde Bewegung' (Lehnw. franz. *choc*), mnd. *schucke*
'Schaukel', aisl. *skokka* 'schaukelnde Bewegung', *ganga skykkjum*
'in wellenförmiger Bewegung sein' mit aisl. *skaka* 'schütteln,
schwingen', ags. *scacan* 'schütteln' enge verbinden und *skuk-
also auf *skǝg- zurückführen.

6. Aisl. *tappa* 'zapfen' : norw. (dial.) *tuppa* 'zupfen', und
ebenso ahd. *zapho*, nhd. *Zapfen*, ags. *tappa* gegen ahd. *zoph*,
nhd. *Zopf*, ags. *topp* 'Gipfel', aisl. *toppr* 'Zopf, Haarflechte'.
Auch die Sippe von *Zipfel*, mhd. *zipf*, nd. *tippel* ist wohl
verwandt. *tup- mit *u* = idg. *ǝ*.

7. Aisl. *des* 'Heuhaufen' : *dys* (< *dusia) 'Steinhaufe'.

8. Ahd. *ibu* : *oba, ube* 'ob, wenn'.

112. Besonders aber dürfen wir unser Schwa secundum in unbetonter Silbe und im gedeckten Auslaut suchen, und gerade unsere Annahme dürfte manches erklären, dem man bis jetzt nicht recht beikommen konnte. Es ist, wie noch einmal betont sei, ein Irrtum gewesen, wenn man diese *u* sämtlich aus *v* (Schwa primum) herleitete: wo soll z. B. die Länge zu aisl. *tuttugu*, ahd. *zweinzug* : got. *tigjus* sein? Von einem Ablaut *e* : *a* zu sprechen, geht doch nicht an (s. auch PERSSON Beitr. 685 A.). Wohl aber wird vieles begreiflich, wenn wir hier unser *ə* wiedererkennen. Es verhalten sich griech. πράμος : got. *fruma* = griech. πρόμος : got. *fram, framis*. Lat. *iūgera*, ags. *ȝycer* zeigen Normalstufe, got. *jukuzi* 'Joch' aber Reduktion der Suffixsilbe. Weitere Beispiele finden sich gesammelt bei PAUL BB. 6, 226—249, BEZZENBERGER BB. 17, 216 Fußn., NOREEN Abriß S. 64, HIRT IF. 7, 194. Man vgl. 1. bei Nasal und Liquiden:

> ahd. *sciluf* : *scilaf* 'Schilf',
> ahd. *hornaz*, mhd. *horniz* : ahd. *hornuz* 'Horniß',
> ahd. *kranih* : *kranuh* 'Kranich',
> ahd. *lembir* 'Lämmer' : ags. Plur. *lombor*,
> ahd. *kelbir* 'Kälber' : ags. Plur. (north). *calfur*,
> ahd. *ehir* : ags. *éar* 'Ähre' (< *ahur-*),
> ags. *orleȝe* : aisl. Plur. *orlǫg* 'Schicksal' usw.

2. Vor allem gehört dann *u* = *ə* in beliebiger konsonantischer Umgebung hierher, wie in ahd. *hehhit*, ags. *hœced* 'Hecht' : as. *hacud*, ags. *hacod*, ags. *reced* : as. *rakud* 'Gebäude', ahd. *nihhessa* : *nihhussa* 'Nix', got. *aqizi*, aisl. *øx* : aisl. *ǫx*, ahd. *ackus*, aisl. *loptr* : got. *luftus* 'Luft', got. *nagaþs*, aisl. *nøkkueðr* : ags. *nacod*, ahd. *nackot* 'nackt', ahd. *hazzissa, hagzissa* : *hazzussa, hagazussa* 'Hexe', mhd. *habich* : ahd. *habuh*, ags. *heafoc*, aisl. *haukr* 'Habicht', ahd. *hautag* 'saevus, asper' : got. *haudugs* 'weise', ags. *hefig* : *hefug* 'schwer' usw.: es hat keinen Sinn, für die bekannte Tatsache die Beispiele zu häufen.

113. In manchen Fällen läßt sich nicht sagen, ob nicht etwa eine zweisilbige, schwere Basis im Spiele sei. Doch entspricht ahd. *hiruz* 'Hirsch' wohl kaum griech. κερα(ϲ)óϲ 'gehörnt', wie BEZZENBERGER BB. 17, 216, A. 2 und HIRT IF. 7, 194 wollen, sondern hier dürfte altes *u* anzunehmen sein, s. aisl. *hrútr*, cymr. *carw*, bret. *caro* 'Hirsch', lit. *kárvė* 'Kuh', griech. κόρυ-

δοc, κορυ-φή usw. Bei ahd. *anut* : *enit* ist derselbe Wechsel
wie in ahd. *hehhit* : as. *hacud* anzunehmen, und so kommen wir
auf *anət-, das in lat. *anat*- sich wieder findet; dabei möchte
ich die Frage aufwerfen, ob nicht die lat. Nebenform *anitēs*,
anitum (s. ERNOUT Él. dial. du Voc. Lat. 108 f., SOMMER Handb.² 107)
mit ahd. *enit*, ags. *ened* enger zu verbinden sind (*anet*- : *anət*-)¹).
Ob ai. *ātíḥ* 'ein Wasservogel' hierhergehört, ist mir sehr fraglich, da die Vergleichung dieses Worts mit aisl. *æþr*, nschw.
åda 'Eidergans' — von diesen Ablautsfragen ganz abgesehen —
mindestens eben soviel Wahrscheinlichkeit für sich hat (s. FALK
u. TORP Norw. et. Wb. 180 f., CHARPENTIER KZ. 40, 433, TAMM Et.
Ord. 86, WALDE Wb.² 39). Auch die Heranziehung von griech.
νῆccα, dor. vᾶccα ist nicht sicher, würde aber der oben gegebenen Auffassung von *anas* nicht weiter im Weg stehen.

Nach SIEVERS bei HIRT IF. 7, 194 sind ferner ags. *hœrfest*
aus *harubist 'Herbst', *hœrðan* aus *haruþjan 'Hoden', *hœlfter*
aus *haluftri 'Halfter' zu erklären.

114. Auch das Germanische fügt sich also aufs beste den
aus dem Italischen, Keltischen und Griechischen gewonnenen
Resultaten: idg. $r̥$, $l̥$ wurden schon urgermanisch zu $ər$, $əl$, und
fielen mit dem idg. Reduktionsprodukt $ər$, $əl$ ($rə$, $lə$) zusammen;
dieses $ə$ aber findet sich auch in jeder anderen konsonantischen
Umgebung, in der Stammsilbe sowohl wie vor allem in nebentonigen, suffixalen Silben. Also:

idg. v = germ. a, aber
idg. $ə$ = germ. u. Daher
idg. $ər$, $əl$ ($\underline{rə, lə}$) (Reduktion) und $r̥$, $l̥$ (Schwund), zu

urgerman. $ər$, $əl$ ($rə$, $lə$), woraus historische

gemeingerm. ur, ul (ru, lu) hervorgingen. Das gleiche gilt
für idg. $m̥$, $n̥$.

In so verschiedenartigen Fällen wie in

1. got. *þaúrsus*, aisl. *þurr*, as. *thurri*, ags. *þyrre*, ahd. *durri*,
nhd. *dürr*, vgl. ai. *tr̥ṣú*-, griech. ταρcία, oder got. *gabaúrþs*, ahd.
giburt, aisl. *burðr*, vgl. ai. *bhr̥tí*- u. a. und

---

¹) Jedenfalls ist in anderen Fällen, in denen der mittlere Vokal
schwankt, auch Assimilation denkbar: *miluh* ist das alte, *milih* zeigt
junge Assimilation, ebenso in *birriha* neben aisl. *bjǫrk* < *beruk- usw.
Eine Sonderuntersuchung über diese ang. 'euphonischen' Vokale wäre
recht erwünscht.

2. got. *kaúrus* : ai. *gurúḥ*, gr. βαρύc oder in aisl. *humarr* : griech. κάμαροc; got. *guma* : alat. *hemo* u. a., in

3. got. *brikan* : *brukans*,

4. got. *wulfs*, aisl. *ulfr*, ags. *wulf*, ahd. *wolf*, in

5. got. *widuwō*, ahd. *wituwa*, as. *widowa* und in

6. ahd. *zweinzug*, aisl. *tuttugu* '20', in

7. ahd. *ackus* gegen got. *aqizi* und

8. aisl. *dys* (> **dusia-*) gegen *des* (< **dasia-*), —

in all diesen Fällen, in denen das einheitliche germ. *u* erscheint, ist nicht, wie seither, bald von idg. *ꝛ*, bald von *ꝛr* u. dgl. oder gar *ʋ* auszugehen, sondern diesem einheitlichen *u* entspricht auch schon idg. der einheitliche Murmelvokal *ə*.

3. Das Litauische.

115. Daß im Litauischen aus dem idg. *ə* der Vokal *i* entwickelt worden ist, ist schon von Hirt IF. 7, 154, Abl. 16 und Osthoff MU. 6, 212 u. a. gelehrt worden; wir finden diese Lehre auch von Meillet Études sur l'étym. et le vocab. du vieux slave 164, Mikkola IF. 16, 98 ff. und Vondrák vgl. sl. Gr. 1, 141, 161 vertreten. Es sind das Fälle wie lit. *gistu* : *gestù* 'erlösche' (ebenso lett. *dfisu*, *dfist* (Prät.) 'erlöschen'). — *bìzdžus* 'Stänker' zu *bezdù* 'pedo'. — lett. *schkibīt* 'ästeln' : lit. *skabù*. — lett. *stiba* 'Stab' : lit. *stebiùs* 'staunen'. — *nu-szìszęs* 'grindig' : *szăszas* 'Grind'. — *tvìska tviskéti* 'stark blitzen' : *tvaskéti* 'blitzen'. — *kibù kibéti* 'sich regen' : *keblinéti* 'hin- und herhüpfen'. — *pisù pìsti* 'coire' : griech. πέοc. — *tiszkaũ* 'spritzte' : *teszkù* 'in dicken Tropfen fallen'.[1]).

Dieses *i* = idg. *ə* liegt nun auch vor in den Fällen, wo *ni, mi, ri, li* sich findet anstatt des normalen *ir, il, im, in*; und besonders Beweiskraft haben hier die Fälle, die auf Grund von Entsprechungen in anderen idg. Sprachen als voreinzelsprachlich erwiesen werden; wir haben sie früher schon kennen gelernt:

lit. *knibù knìbti* 'zupfen' : *knebénti* 'klauben', *knabéti* 'schälen' = griech. κναφ- in κνάφοc, κναφεύc zu κνέφαλον. —

---

[1]) Daß an sich manches Beispiel nach dem Ablaut *ir : er* = idg. *ꝛ : er, il : el* = idg. *ḷ : el, in, im : en, em* = idg. *ṇ, ṃ : en, em* neu entstanden sein kann und nicht idg. Verhältnisse spiegeln muß, entgeht mir dabei nicht. Nur muß man beachten, daß man dieses *ir* aus *ꝛ* selbst nur als *ə + r* auffassen muß, weil idg. *ꝛ* und *ər* in vorbaltischslavischer Zeit in *ər* zusammenfielen. Man hat also keine Berechtigung, *ir* in diesen Wörtern als besondere Einheit zu fassen.

lit. *grìdyti* 'gehen', lett. *gridiju* : lat. *gradior*.

Wir werden daher in den Lautgruppen *ri, li, mi, ni* mit Sicherheit idg. *rə, lə, mə, nə* voraussetzen. Einige Beispiele mögen dies noch erläutern:

midùs 'Met' (aus *mədùs) : *medùs* 'Honig'; *mikénti* 'stammeln' : *mekénti* dass.; lett. *sarikt* 'gerinnen' : *sa-rezēt* dass.; lit. *bridaū bristi* 'waten' : *bredù* dass., *bradà* 'Waten, Pfütze; lett. *dribināt* kaus. : *drebināt* 'zum Zittern bringen', lit. *drebù* 'zittere'; lit. *sudriskaū, drìksti* 'zerreißen' (intr.): *dreskiù* (trans.) 'reiße'; lit. *glibýs* 'triefäugig' : *glembù, glebaū, glèbti* 'zerfließen'; lit. *kribždù* 'wimmele' : *krebždù* 'raschele'; lit. *rìzgęs* 'verwirrt' : *rezgù* 'stricke'; lit. *paslìpti* 'unbemerkt verschwinden' : *slepiù* 'verberge'; *sprìgės* 'Schnippchen', lett. *sprigulis* 'Dreschflegel' : *spragù, spragéti* 'prasseln'; *sznibždù, sznibždéti* 'zischeln' : *sznabždù, sznabždéti* 'rascheln'; *tripséti* 'auftrammsen' : *trepstu* 'stampfen'; *trisziù* 'düngen' : *tresztù* 'trocken faulen'.

Da nun im Litauischen, soweit ich sehen kann, die Aufeinanderfolge des Vokals *i* und des ihn begleitenden Nasals oder der Liquida in normal- und tiefstufiger Silbe immer entspricht, so ist es wahrscheinlich, daß, wie im Germanischen, so auch im Litauischen idg. *ṛ ḷ* mit idg. *er, əl, rə, lə* und

$$ṇ ṃ$$ mit idg. *ən, əm, nə, mə* schon

voreinzelsprachlich zusammengefallen waren: die reinen *ṛ, ḷ, ṃ, ṇ* hatten sich nicht halten können und wurden überall durch den irrationalen Vokal *ə*, der in anderen Fällen aus der Ursprache stammte, ersetzt. Da *ir, il, im, in* in ganz gleicher Weise sowohl vor folgendem Vokale wie vor nachfolgender Konsonanz begegnet, so spricht selbstverständlich auch das Litauische gegen den Ansatz von idg. **ṛr, ḷl, ṃm, ṇn*, wofür vielmehr *ər, əl, əm, ən* angenommen werden muß.

4. Das Slavische.

116. Daß das Slavische wie das Litauische *ə* durch *ъ* vertritt, geht aus der bereits oben (§ 72 f.) näher behandelten, idg. Alter der vorausliegenden Grundform erweisenden Gleichung hervor: lat. *quattuor* : grich. πίσυρες : čech. *čtyři*, poln. *cztery* (urslav. *cъtyre). Einwände, die BRUGMANN IF. 28, 370 gegen diese Kombination vorbrachte, sind bereits oben als nicht stichhaltig abgewiesen. Auch PEDERSENS vergebliche Versuche, diesen Fall, wie die schon früher erwähnten, anderweitig zu erklären,

sind nach unseren seitherigen Untersuchungen weiter nicht von
Bedeutung; er bemüht sich, ähnlich wie in den anderen Gruppen
(z. B. des griech. ι und υ oder des lat. *a*), ein speziell slavisches
Lautgesetz zu gewinnen; da er aber selbst zugeben muß, daß
man "das Lautgesetz nicht mit Sicherheit formulieren kann"
(S. 420), so brauchen wir uns wieder nicht mit einer näheren
Widerlegung aufzuhalten: statt deutliche Zusammenhänge zu
kombinieren und zu erklären, reißt PEDERSEN mit besonderer
Vorliebe alles auseinander, um dann die Fetzen vom einzelsprachlichen Standpunkt getrennt zu untersuchen; als Ergebnis
stellen sich dann fast immer nicht näher erweisbare, einzelsprachliche 'Gesetze' ein, die nur vermutungsweise und zur
vorläufigen Erklärung hingeworfen sind.

In russ. *trídcatъ* '30' gegen aksl. *tri desęte* haben wir dieselbe Reduktion, wie in ahd. *drī-zug* und arm. *tasn* (s. MEILLET,
MSL. 14, 343).

Da wir im Litauischen den Fall *bìzdžus* 'Stänker' : *bezdéti*
vorfanden, so könnte man auch nslov. *pъzdéti*, russ. *bzdětъ* wohl
enge mit dem litauischen Belege für *ə* = *i* verbinden; indessen
ist dieses Beispiel nicht sicher, da wir zweifellos mit einem
idg. *pĭ-zdē-* rechnen müssen, vgl. ai. *pĭḍáyati*, preuß. *peisda* 'podex',
serb. *pízda*, russ. *pizdá*, lit. *pyzdà*, s. Verf. Reimwortbildungen
S. 198 f., § 312. Aber jene Fälle der Imperative *pъci* zu *peką*,
rъci zu *reką*, *tъci* zu *teką* sind durch PEDERSENS Bemerkungen
(S. 419) nicht widerlegt; daß Akzentwechsel zwischen Ind. Praes.
und Opt. vorkam, zeigt das Indische, damit ist die Möglichkeit
quantitativen Ablauts in diesen Formen sicher gestellt.

Ferner kommen in Betracht aksl. Gen. *česo* : *čьso* 'τέο'[1]),
žegą : *žьgą* 'brenne', *žъzlъ* : *žezlъ* 'Rute' (PEDERSEN a. a. O. 420).

117. Gegen PEDERSENS Vermutung, nach *č-, ž-, š-* vor unmittelbar betonter Silbe mit Geräuschlaut sei *e* > *ь* geworden,
sprechen nicht nur die von ihm selbst erwähnten, aber nicht
befriedigend erklärten Wörter russ. *česátъ*, *četá* und *čechól*, sondern auch russ. *čepéцъ* 'Haube', serb. *čèpac*, das auch nach
BERNEKER Wb. 143 nicht entlehnt ist, oder čech. *čepýriti*
'sträuben', slov. *čepériti se* 'das Gefieder ausbreiten'. Daß in
šъdъ 'gegangen' aus **chъdъ* (zu *chodъ* 'Gang') idg. *i* stecken soll,
hat PEDERSEN gleichfalls nicht erwiesen; es ist um so sicherer

---

[1]) Möglich ist natürlich auch, daß *čьso* nach *čъto* für *česo* eintrat
(LESKIEN Gr. 137).

aus idg. ǝ entstanden, als wir auch in griech. ἱδρύω und vielleicht in ἵζω die idg. Stufe *sǝd- zu sed- 'gehen, sich setzen'
vorgefunden haben : ъ "ist Ablautsstufe zu e, häufig vor heterosyllabischem (vor Vokal stehenden) r, l, n, m; lit. steht in
gleichem Falle i; . . . . . vereinzelt auch sonst", dieser Satz LES-
KIENS Gr. d. abg. Spr. S. 8, § 11 bleibt uneingeschränkt bestehen.

Eine Schwächung aus idg. e/o liegt ferner vor in aksl.
vъz-grъměti 'donnern' zu gromъ 'Donner', vgl. griech. χρόμος,
χρεμετίζω, aruss. rъku zu rekǫ, rokъ 'Termin' u. a., s. BERNEKER
Wb. 360, LESKIEN Gr. 11, VONDRÁK Vgl. Gr. 161.

VONDRÁK a. a. O. 160 betont, daß in der Silbe die Reduktion rъ, lъ, lit. ri, li eingetreten sei: "Hier war offenbar der
Umstand maßgebend, daß in der Vollstufe der Vokal auch nach
dem r, l folgte". Wir leugnen aber, daß hier stets r̥, l̥ urslav.
entstanden waren, es ist vielmehr von rǝ, lǝ auszugehen.

Wir geben gerne zu, daß das slavo-baltische Sprach-
gebiet für unsere Frage nur geringe Ausbeute gewährt; immerhin
fügt sich das Material durchaus den in den anderen Sprachen
gewonnenen Ergebnissen; auch bedenke man, daß das Slavische
auch sonst wenig Ablautsreihen außer den Fällen der o-Abtönung erhalten hat. Trotzdem ist es noch möglich, ъ im
Wechsel mit e nachzuweisen, und wenn auch einzelne Fälle
sich anders erklären ließen, trotzen die Imperative pъci, rъci,
tъci, vor allem aber die urslav. Form *čъtyre, die durch eine
über mehrere idg. Sprachen sich ausdehnende Gleichung als
alt erwiesen wird, jeder anderen Deutung. Der weitergehende
Schluß, daß das ъ von *čъtyre und pъci zu dem e von *četyre
und pekǫ sich genau so verhält, wie etwa in den Formen

$$bъrati : berǫ, zvъněti : zvonъ,$$

liegt auf der Hand: Im Baltoslavischen hatten sich die Nasales
und Liquidae sonantes nicht rein erhalten, sondern wie im
Germanischen hatten sie meist den Murmelvokal ǝ vorgeschlagen.

5. Das Armenische.

118. BARTHOLOMAE BB. 17 (1888), 93 ff. hat auf auffällige
Beispiele aufmerksam gemacht, bei denen im Armenischen a in
der 'e-Reihe' stand. Diese Fälle werden wir daher, wenn auch
mit manchen Einschränkungen, jetzt für unser ǝ in Anspruch
nehmen, trotz PEDERSENS Einspruch (KZ. 38, 416; 39, 416). Nur
Wörter mit anlautendem a- mögen beiseite bleiben, da im Ar-

menischen anlautendes *o*- lautgesetzlich unter bestimmten Bedingungen zu *a*- geworden zu sein scheint (s. PEDERSEN a. a. O.,
LIDÉN Arm. Stud. 28. 61. 98. 129, Verf. IF. 37, S. 79, § 113).
Damit ist aber an sich immer noch nicht gesagt, daß in manchem dieser anlautenden *a*- nicht idg. *ə*- stecken könne, namentlich wenn *a*- erst sekundär in den Anlaut trat: auch LIDÉN
a. a. O. 28 erklärt wie OSTHOFF Et. Par. I, 217 (wo Lit.), daß z. B.
asu-, *asr* 'Schafwolle, Vlies' auf idg. **pək̑u-*, und nicht etwa
*pok̑u-, beruht. Auch *astł* 'Stern' = griech. ἀcτήρ ist doch sicher
aus **əstér* zu erklären. Desgleichen *ariun* 'Blut' aus **əsr-* (vgl.
lat. *assir* o. § 74) zu griech. ἔαρ, ai. *ásṛk*, lett. *asins* 'Blut'.

119. Während PEDERSEN KZ. 36, 100 noch nach der
üblichen Auffassung *tasn* aus **dək̑m̥* herleitete, ist er später
anderer Ansicht geworden und will das *a* aus der Vokalassimilation erklären: in *hnge-tasan* 15, *metasan* 11, Gen. *tasanç*
sei das ursprüngliche *e* an das *a* der nächsten Silbe assimiliert
worden und von solchen Formen auch in *tasn* eingedrungen.
Es ist auffallend, mit welchem Feuer PEDERSEN seine eigene
frühere Ansicht, *a* beruhe auf idg. *ə*, in den Grund und Boden
verdammt, da er hier erklärt, an Ablautsdubletten zu denken,
fehle "auch nur die allerentfernteste Möglichkeit" (!). Wir lassen
uns auch durch dieses apodiktische Nein PEDERSENS nicht irre
machen und erklären nach wie vor *tasn* aus **dək̑m̥*: in der
sog. Vokalharmonie des Armenischen ist noch lange nicht
das letzte Wort gesprochen, s. auch LIDÉN Arm. Stud. 23 und
IF. 18, 499 A, wo das *a* von *t̑akn* als mögliche Reduktion
zu dem *e* von lat. *tignum* angesehen wird[1]). PEDERSENS Einwand, idg. **dék̑m̥* habe vollstufiges *e* und schon deshalb sei
HIRTS Erklärung falsch, ist vollends als Beweisstück wertlos:
in enklitischer Stellung, im Ordinale und in der Komposition

---

[1]) Über ein so schwieriges Problem kann man nicht mit einem
halben Dutzend Beispiele entscheiden; das erfordert besondere Untersuchung: daß *nor* 'neu', *čor* 'trocken' und gar *gorc* ἔργον' ihr *o* der
Assimilation verdanken sollen, ist ganz unwahrscheinlich. Über *otork*
s. LIDÉN Arm. Stud. 62, der mit Recht Ablaut *e-o* annimmt. Richtig mag
nur sein, daß anlautend *o*- bleibt, wenn ein *o* der nächsten Silbe ihm
einen Halt bot. Sogar in dem *a* mancher reduplizierten Bildungen könnte
ganz wohl idg. *ə* vorliegen, da man — jedenfalls theoretisch — in der
Reduplikationssilbe *ə* erwarten darf (ai. *dadárśa* = idg. **dədórk̑e*). Aber
bei einer lautlich so schwer zu beurteilenden Sprache, wie es das Armenische ist, kann man darauf nicht viel Wert legen, bis diese Dinge
klarer ermittelt sind.

— vgl. das *u* aus *ə* von ahd. *zweinzug* (§ 110) und russ. *tríd-catь* (§ 116) — konnte das *e* jederzeit geschwächt und dann verallgemeinert werden: gerade, daß im Germanischen und Slavischen derselbe reduzierte Vokal *ə* begegnet, muß für jeden Beweiskraft besitzen, soweit er nicht, wie PEDERSEN, mit besonderem Eifer die gleichen Erscheinungen in den verwandten Sprachen auseinanderreißen will. — Dasselbe ist bei arm. *vatšun* 60 gegen *veç* 6 der Fall: im Kompositum war eben das erste Glied geschwächt worden. —

spasel 'auf jem. lauern', *spas* 'Dienst, Aufwartung', *spasavor* 'Diener' ist wohl nicht aus dem Iranischen entlehnt (WALDE Et. Wb.², 730). Denn *spas-* kommt nur im Awestischen, nicht im Altpersischen vor; auch unterscheidet sich die Bedeutung; das aw. *spas* bedeutet nur 'spähen', nie 'erwarten' oder gar 'dienen', s. HÜBSCHMANN I, 492; s. freilich BARTHOLOMAE Zum Air. Wb. 80.

takn 'Knüttel, Keule' aus **təgnom* zu lat. *tignum* 'Balken' (LIDÉN IF. 18, 498 ff.). —

kop̌, Pl. *kop̌-k̆* 'Augenlied': *kap̌iun* 'Schließen der Augen' LIDÉN a. a. O. 29. —

garun 'Frühling' aus **u̯əsr-* zu griech. ἔαρ, lat. *vēr.* — Vielleicht darf man auch in den armen. Nominalableitungen auf *-at* : *-ot* (PEDERSEN KZ. 39, 474, LIDÉN a. a. O. 91), wenigstens teilweise idg. Alternation sehen, vgl. den griech. Suffixablaut αδ (aus *əδ) : -δ- oben § 104. Ferner ist die Ableitung von *dav* 'Hinterlist' aus **dhebh-* zur Basis **dhebh-* (BARTHOLOMAE IF. 7, 82 ff.) in ai. *dabhnóti* sehr erwägenswert. Über *gavak* 'Hinterteil' o. § 85, Nr. 7.

kařasun 40 dagegen enthält wohl idg. *ər*, bzw. *ṛ* und ist aus **k(t)u̯ṛ-* zu **qetu̯or-* zu deuten, s. BRUGMANN Grdr. 2², 1, 33.

Diese Beispiele dürften zeigen, daß *ə* im Armenischen zu *a* geworden ist, also ist auch in dieser Sprache *ṛ* mit *ər* usw. urarm. zusammengefallen:

idg. *ər* idg. *ṛ* zu

urarm. *ər*, da *ə* = *a*, muß also

historisch *ar* erscheinen.

6. Albanisch.

120. Nur auf einen Fall will ich hinweisen, weil er mit den oben behandelten anderssprachigen Entsprechungen so trefflich übereinstimmt: daß von den Zahlwörtern *katrε* aus lat. *quattuor, quattor* entlehnt sein soll (G. Meyer Alb. St. 45 ff., Wb. 181, Brugmann Grdr. 2², 1, 13), ist mir stets höchst befremdend vorgekommen: das Zahlwort '4' soll entlehnt sein, während sonst die Zahlwörter des Albanischen recht altertümliche, jedenfalls auf einzelsprachlicher Entwicklung beruhende Formen zeigen! Mir scheint also hier eine nähere Prüfung wohl angebracht, ob das alb. Wort nicht lautgesetzlich verstanden werden könnte. Gerade bei dem Wort für '4' haben wir idg. *ə* schon in mehreren Sprachen vorgefunden (§ 116): zu griech. πίcυρεc, lat. *quattuor*, čech. *čtyři*, poln. *cztery*, also urslaw. **čъtyre* stellen wir hinsichtlich des Stammvokals auch alb. *kadrε*, ord. *katεrtε* 'vierter', *katεr-δitε* '40', *katεrš* 'vierfach'. Auch geg. *hąnε* 'Mond' muß wegen ai. *candráḥ* auf **skəndnā* beruhen vgl. o. § 66, 84 und 86.

Im übrigen ist es schwierig, aus dem Albanischen Belege zu gewinnen, da jedenfalls das *ə* mit *v* und *o* zu *a* zusammenfallen mußte; ich verzichte daher auf den Versuch, weitere Fälle hier heranzuziehen.

VI. Abschnitt: ə im Indoiranischen.

121. Die vergleichende Betrachtung des Vokalismus der außerarischen Sprachen hat uns gelehrt, daß statt *ŗr, ļl, ņn, ṃm* vielmehr idg. *ər, əl, əm, ən* anzusetzen sind, einerlei, ob Vokal oder Konsonant folgt, und es ist uns, wie wir hoffen, gelungen, den reduzierten Vokal *ə*, der in diesen Lautverbindungen enthalten ist, auch selbständig, d. h. in beliebiger konsonantischer Umgebung, nicht nur bei Nasal und Liquida, als Ergebnis der vorgeschichtlichen Schwächung sog. 'a-Vokale' (*a, e, o*) nachzuweisen. Vielfach hat sich in den Einzelsprachen *ə* mit *v*, dem Schwächungsprodukt einstiger Längen (*ā, ē, ō*) vermischt, leichtbegreiflicher Weise, da beides undeutlich artikulierte Murmelvokale (oder sog. Flüstervokale) gewesen sein mögen. Doch hat das Germanische und das Baltisch-Slavische beide Laute getrennt erhalten, da *v* durch *a*, *ə* aber durch *u* bezw. *i, ъ* in diesen Sprachen fortgesetzt ist.

Wiewohl es sonst Sitte war, das ehrwürdige Sanskrit zuerst um Rat zu fragen, kommen wir jetzt erst dazu, uns nach den Geschicken unseres *ə* und der Lautverbindungen *ər, ən, əm* im Indischen und Iranischen umzusehen. Und das mit gutem Grunde. Denn wenn uns nicht alles täuscht, hat gerade das Sanskrit in unserer Frage besondere Neuerungen aufgebracht, Neuerungen, wie sie keine einzige der Schwestersprachen kennt: selbst das so nahestehende Iranische nimmt nicht Anteil daran, wodurch insbesondere der Gedanke von vornherein an Wahrscheinlichkeit verliert, daß das Altindische etwa allein eine solche Altertümlichkeit in dem strittigen Punkte zähe erhalten habe.

122. Es muß schon von Anfang an auffallen, daß im Sanskrit die Entwicklungsprodukte der Lautgruppen *ər* und *ən* (BRUGMANNS *ŗr* und *ņn*) nicht einander entsprechen, wie dies bei allen anderen Sprachen, das Iranische einbegriffen, der Fall ist; man vgl.

idg. *ər (ŗr)* ergibt im	idg. *ən (ņn)* ergibt im
Awest. *ar.*	Awest. *an.*
Armen. *ar.*	Armen. *an.*
Griech. αρ.	Griech. αν.
Latein. *ar.*	Latein. *an*[1]).
Kelt. *ar.*	Kelt. *an.*
German. *ur.*	German. *un.*
Lit. *ir.*	Lit. *in.*
Altkirchensl. *ər.*	Altkirchensl. *ən.*

Dieser Parallelismus scheint doch zu erweisen, daß *ər* (ebenso *əl*) und *ən* (ebenso *əm*) die gleichen Schicksale besaßen.

123. Das Sanskrit aber macht hier bekanntlich einen scharfen Unterschied:

idg. *ər (ŗr)* erscheint als *ir*, *ur*, aber

idg. *ən (ņn)* als *an*. Woher kommt diese Differenz?

Auf diese Frage[2]) glaube ich antworten zu sollen: es hängt damit zusammen, daß auch idg. *ŗ l* im Sanskrit allein von allen idg. Sprachen, das Iranische wieder mit eingeschlossen, ganz besonders behandelt wird: während alle idg. Sprachen bei dem einzelsprachlichen Vertreter von idg. *ŗ*, *l* einen vollen Vokal entwickelt haben, dem die Liquide als Konsonant sich unterordnete, blieb *ŗ* im Sanskrit Vokal; vielleicht hat nur das

---

[1]) Nicht *en*, wie oben gezeigt (§ 93 f.).

[2]) HIRT Ablaut § 36 gleitet über dieses Problem zu flüchtig hinweg; insbesondere halte ich HIRTS Annahme, *ə* sei im Indoiranischen erst zu *a* und aus diesem *a* vor *r* ein *i* geworden, für unrichtig.

Slavische etwas Ähnliches gehabt, wenn man die Schreibungen
rъ, *rъ* so deuten darf.

124. Die Streitfrage, ob das indische r in ältester Zeit
nicht einen Vorschlag eines überkurzen Sonanten (*ə*) enthalten
hat (s. J. Schmidt Krit. 15 ff., Wackernagel Ai. Gr. I, 31, § 28,
Fortunatov KZ. 36, 22 f.), scheint mir weniger wesentlich, als
eben die Tatsache, daß r zu den *samānākṣara-*, d. h. zu einfachen Vokalen gerechnet wird, wenn auch aus der bekannten
mathematischen Tüftelei des *Prātiśākhyam* zur *Vājasaneyi-
Saṃhitā* 4, 145 ($r = \frac{a}{4} + \frac{r}{2} + \frac{a}{4}$) sich ein solcher vokalischer Vor-
und Nachschlag deutlich ergibt: die indischen Phonetiker sahen
als Kern des r-Vokals eben nichts anders als den Konsonanten
r an.

125. Wichtig ist mir vor allem der Nachweis, daß das
ai. r sicher zwei verschiedene Färbungen besessen hat: eine *i*-
und *u*-Färbung. Hierauf hat im Zusammenhang mit Ablautsfragen schon Fortunatov KZ. 36, 20 ff. hingewiesen, wenn ich
auch seinen weiteren komplizierten Annahmen an dieser Stelle
nicht folgen kann. Richtig scheint mir aber sein Versuch, bei
den arischen sonantischen Liquiden zwei Färbungen nachzuweisen (er schreibt $r̥$ und $r̥$).

Dafür sprechen nämlich folgende Umstände:

1. Die *i*-Färbung führte zu der später üblichen Aussprache
dieses r-Vokals als *ri* oder *rĕ*.

2. Vor *y* wandelte sich r jedenfalls zu *ri*, z. B. in *kriyáte*
zu *kr̥-*, *kar-* in *karóti*, *mriyáte* : lat. *morior*, ferner *dhriyate*,
bhriyante, *kriyāma*, *kriyāsma*, *cakriyāḥ* aus dem Ṛgveda, s.
Bartholomae ZDMG. 50, 714, Nr. 41, s. Wackernagel Ai. Gr. I,
108b, auch Thumb Handb. d. Sanskr. § 94, 68 f. : $r^i + i$ ergab *riy*.

3. Häufig wird ai. r im Mittelindischen durch *(r)i* oder
(r)u vertreten, durch *u* insbesondere in Umgebung von Labialen,
s. Pischel Gr. d. Prakritspr. S. 50, § 50, Bartholomae IF. 3, 159.

4. Daß diese *i*-Färbung und die *u*-Färbung bei Nachbarschaft von Labialen etwas Vorindisches und eine bereits arische
Eigentümlichkeit ist, erweist das Iranische. Denn während im
Awestischen der vor der Liquida erscheinende Vokal als *ə* erscheint, finden wir im Pahlawī und in den neuiranischen Dialekten *i* und *u*, vgl. Bartholomae Grdr. ir. Ph. 24, § 57, 2, Zum
air. Wb. 29 f. (Schreibungen der Turfántexte!), Hübschmann Pers.

Stud. 143 ff., KZ. 36, 172 ff., Fortunatov ebda. 24 Fußn.; vgl.
z. B. np. *tiš* 'Durst' : ai. *tŕṣṇā*, *dil* 'Herz' : ai. *hŕd-*, *kirm* : ai.
kŕmi-, np. *-gird* (zweites Kompositionsglied) : ai. *kŕtá-*, *xirs* : ai.
ŕkṣa- 'Bär', *xišt* 'Wurfspeer' : ai. *ṛṣṭí-*, *mīrad* 'stirbt' : ai. *mriyáte*,
urar. **mṛiatai*; oder in Umgebung von Labialen, z. B. *pušt* 'Rücken' :
ai. *pṛṣṭhá-* n., *gurg* 'Wolf' : ai. *vŕka-*, *pul* 'Brücke, vgl. ai. *pṛthú-*
'breit', *murγ* : ai. *mṛgá-* 'Wild, Vogel, Gazelle', *murd* 'starb' : *mṛtá-*
usw. Auch im älteren Mittelpersischen begegnet *i* und *u* (s.
Bartholomae Zum air. Wb. a. a. O); die armenischen Lehnwörter
bestätigen dies: denn da im Armenischen bekanntlich *i* und *u*, aber
nicht auch *a* in nichtletzter Silbe ausfielen, so müssen Lehnwörter
aus dem Iranischen, wie *Vrkan*, *krman*, *krpak* u. a. (s. Hübschmann Pers. St. 148 f.) *i* oder *u* enthalten haben. Auch das
Ossetische, Kurdische, Afghanische und Balutschische kennt *i*
und *u*-Vokale für altes *ṛ*. Vielleicht mag daneben auch neu-
trale *a*-Färbung in einzelnen Fällen geherrscht haben, da nicht
nur im Präkrit, sondern auch im Afghanischen neben *i* und *u*
auch *a* vor dem *r* erscheint.

126. Wir stellen also fest: in vielen Fällen hatte urar.
ṛ in voreinzelsprachlicher Zeit, je nach seiner Umgebung, zwei
oder drei Färbungen angenommen. Am bemerkenswertesten sind
ar. *ṛi* und *ṛu*, das bei Labialen entstanden sein wird[1]).

Daraus, daß im Altindischen *ṛ* allein von den idg. Sprachen
auch in der Schrift als einheitlicher Vokal erscheint, muß man
auf den streng silbischen Charakter dieses Vokals schließen:
er muß wenigstens in der ältesten Zeit mit besonderer Schärfe
als reiner Sonant ausgesprochen worden sein.

Dies wird es nun auch begreiflich erscheinen lassen, daß
in der Kombination *ər*, das oft mit *ṛ* wechselt, ebenfalls ein
silbisches *ṛ* erwuchs, und daß dann dieses *ṛi* oder *ṛu* seine Färbung dem so leicht beeinflußbaren irrationalen Vokal *ə* auf-

---

[1]) Auch in anderen Sprachen scheint sich dunkel gefärbtes *ṛu*
nachweisen zu lassen, s. Pedersen Materyały i prace I, 172 ff.; Kelt. Gr. I, 43.
Daß *ə* in Umgebung von Labialen *u*-Timbre annahmen, werden wir bald
zeigen (s. u. VII. Abschnitt). Idg. *ļu* scheint sich z. B. in lit. *klùpti* 'stol-
pern', straucheln', *klúpoti* 'knieen', apr. *klupstis* 'Knie' zu gehören, wenn
man diese Wörter mit Recht mit aisl. *huelfa* 'wölben', ahd. *hwelban*, griech.
κόλπος 'Busen' usw. zusammenbringt, s. Walde Wb.² 207. Oder in ir.
dluigim 'spalte' : aisl. *telgia* 'schnitzen' (Pedersen a. a. O.). Über die
jüngere Umfärbung eines aus idg. *ṛ* entstandenen *ri* im Altirischen zu
ru s. Thurneysen Handb. 134, § 222.

drängte: so entstand *ir* und meist bei Labialen *ur*, (s. dazu
MEILLET Mél. Lévi (1911) 17 ff.,) als indische Neuerung.

127. Im Iranischen dagegen war *ŗ* bald in Vokal + *r*
zerfallen; eine so emphatische und energische Aussprache des *ŗ*
herrschte hier, wenigstens im awestischen Dialekt, keineswegs.
ər entwickelte sich daher hier spontan ohne weiteres zu *ar*,
denn wir sind überzeugt, daß idg. *ə* im Arischen in ungestörter
Entwicklung *a* ergab. Daher wandelte sich auch ai. *ən* zu *an*,
denn *n̥* wurde nicht silbebildend ausgesprochen, sondern zerfiel
in kurzer Zeit in Murmelvokal + *n*.

Die besonders emphatische Aussprache des indischen *ŗ* als reiner Sonant war es also nach unserem
Dafürhalten, die nicht nur dieser sonantischen Liquide einzig
und allein von allen idg. Sprachen ihren streng vokalischen
Charakter erhielt und sie vor dem Zerfall in Murmelvokal + *r*
bewahrte, der bei weniger emphatischer, nachlässigerer Artiku-
lation so leicht eintrat, sondern sie erklärt uns auch die besondersartige Entwicklung der zugehörigen Reduktionsstufe, die
sich oft im Wechsel mit *ŗ* befand: aus *ər* war *ər̥* entstanden,
und indem der dem *ŗ*-Vokal anhaftende *i*- oder *u*-Klang sich
dem irrationalen Vorschlag *ə* mitteilte, entstanden die historisch
vorliegenden *ir* und *ur*[1]).

128. Daß die Lautgruppe *ŗr* im Sanskrit nicht durch *ir*, sondern durch *rir* vertreten ist, das hat m. A. J. SCHMIDT Krit. 174 ff.
an der Perfektendung 3. Plur. Med. bei Verbalstämmen mit dem
schwundstufigen Ausgang -*ŗ*, wie *kar-*, *kŗ-* gezeigt: es heißt
cakŗ-má, cakŗ-ṣé, aber *cakr-iré*.

Die Endung -*(i)rē* steht natürlich mit der entsprechenden
Aktivendung ai. -*ur*, aw. -*are* in engster Beziehung: hier im
Aktiv haben wir *ər* für -*ŗ* im Auslaut, die verallgemeinerte
antevokalische Sandhiform. Im Medium schwand das *ə* in dem
Endungskomplex -*əre* nur bei vorausgehendem einfachen Konsonanten, sonst blieb es; allein die Färbung des *ŗ^i (ŗ^u)* über-
trug sich auch hier dem benachbarten irrationalen Vokal; so
wurde aus

*cakŗ^i -əre das historische *cakrire*.

Wie *ŗ^i + i̯* zu *riy* wurde, (s. o. *mriyáte* aus ar. **mŗ^i-i̯á-tai*), so

---

[1]) Damit vgl. daß *rv* im Sanskrit zu *ŗ^i* geworden ist (s. HIRT Ablaut S. 70), was sich auch aus der emphatischen Aussprache des *ŗ*
erklärt.

ergab $r^i + r$ *rir*, wie dieser Fall beweist: beides stützt sich gegenseitig. Also anders ausgedrückt

ar. $r^i + i > r\partial i$ = ai. *riy*, und ebenso

ar. $r^i + r > r\partial r$ = ai. *rir*, aw. *rar*, daher

ai. *cakriré*, aw. *čaxrare*, s. auch BARTHOLOMAE ZDMG. 50, 681.

129. Man ist zum Ansatze von *rr*, *ṇn* anstelle des richtigen *ər*, *ən* nur gekommen wegen der ähnlichen Behandlung und des ähnlichen Geschicks von *iy* und *uv*. Man stellte die Proportion auf:

$$ir(ur) : r = iy : y = uv : v = an : n = am : m.$$

Wir haben zwar im Laufe unserer Untersuchung schon oft betont, wie vorsichtig man mit proportionalen Analogieschlüssen sein muß; denn *r* ist ein ganz anders gearteter Sonant wie *i* und *u*. Und doch ist hier wohl die Berechtigung gegeben, von gleichen Voraussetzungen und ähnlichen Verhältnissen bei den fraglichen Lautgruppen zu sprechen, wenn wir uns auf jenes Schwanken der Aussprache beschränken, wie es bei allen diesen Lauten unter bestimmten rhythmischen Verhältnissen vorkam: je nachdem eine lange oder kurze Silbe vorausging, ebenso im Anlaut unter gewissen, satzphonetischen Bedingungen (sog. SIEVERS'sche Gesetz, s. PBB. 5, 129 f., OSTHOFF Perf. 440 f., WACKERNAGEL Ai. Gr. I 204, HIRT IF. 7, 152, Abl. § 796, OLDENBERG RV. 1, 442 A).

130. Metrische Gründe zwingen bekanntlich dazu, am Anfang des Verses z. B. *tuvám* zu lesen (im 1. Maṇḍ. 93 mal) anstatt *tvám* (ebenda nur 8 mal); da die Schrift dies nicht notiert, so ist soviel sicher, daß dieses *u* in *tuvám* nicht das übliche *u* war, das die Schrift ohne weiteres bezeichnet hätte: es war nichts als ein irrationaler Vokal, also *ə*, der natürlich vor dem labialen Halbvokal *u*-Färbung besaß (∂^u). Ebenso war *tiya-*, wie man neben *tyá-* 'jener' im Ṛgveda oft lesen muß, nichts anderes als phonetisch geschrieben **təia-*. Später erst, als das *ə* sich deutlicher in bestimmten Fällen entwickelte, notierte auch die Schrift solches Schwanken: ∂^i vor *i* gab sie als *i*, ∂^u vor *u* als *u* wieder. Dabei ist wohl zu betonen, daß aber dieses *i* in *ir* nicht palatalisiert, z. B. *girí-* (s. WACKERNAGEL Ai. Gr. I, 141, § 123 aα). Demnach bleibt jener Parallelismus, der allein letzten Grundes den Ansatz *rr*, *ll* usw. verschuldet hat, sehr wohl bestehen; nur war man sicherlich im Irrtum, wenn man in den Lautentwicklungen *iy*, *uv* das ganz Ursprüngliche sehen wollte;

auch sie sind nicht ursprünglich, sondern erst für die älteren Verbindungen *əy, əv ə'i̯, (ə"u̯)* eingetreten. Der Schluß, weil in *iy, uv* der dem Halbvokal entsprechende Vollvokal vorgeschlagen sei, müsse auch bei *ir (ur)* dasselbe geschehen sein, *ir* demnach für *$\check{r}r$* stehen, ist nicht durchschlagend und befindet sich mit der tatsächlichen Behandlung von ai. *$\check{r}r$* im Widerspruch. Auch stehen *iy, uv,* aber *ir, an* ja im Gegensatz. Die Sache liegt vielmehr so, daß überall nur von *-ə-* auszugehen ist, das sich vor *i̯, u̯* anders entwickeln mußte als vor *r:* die Proportion

$$iy : y,\ i = uv : v,\ u = ir\ (ur) : r,\ \check{r}^i\ (\check{r}^u)$$ weist auf eine einheitliche, vorhistorische : *əi̯ : i = əu̯ : u = ər : ŗ.* Gemeinsam ist der Weiterentwicklung ferner, daß *ə,* der irrationale Vokal, die Klangfarbe annahm, die der folgende Laut besaß[1]).

131. Auch sonst wurde *ə* vor *i̯* zu *i,* vor *u̯* zu *u,* so daß zu *ei̯ +* Vokal die Reduktionsstufe *i̯i̯,* die Tiefstufe *i̯* und zu *eu̯ +* Vokal die Reduktionsstufe *u̯u̯,* die Tiefstufe *u̯* gehört. Diese Lehre HIRTS IF. 7, 150 ff., Ablaut 17 ff., Gr. Laut- u. Fl.² 107, § 106 ist auch von BRUGMANN K. vgl. Gr. S. 143 f., § 213, 1, f, γ auf seine Weise angenommen. Für das Indische s. noch WACKERNAGEL Ai. Gr. I, § 179 ff. Die Beispiele, wie *dhŗṣṇuvánti : cinvánti,* griech. πεζός : πάτριος, ai. *bíbhyuḥ* 'sie fürchteten' gegen das Part. *bhiyāná-,* oder Wurzelstämme wie Akk. *stríyam* von *strí-,* Instr. *bhuvá* von *bhū-,* oder griech. ὀφρύ(F)ος zu ὀφρύς, ai. *bhrú-,* griech. χιών < *χιṃών zu χειμών und dem tiefstufigen δύσχιμος sind allgemein bekannt: überall also liegt diesen *i̯i̯, u̯u̯* idg. *əi̯, əu̯* zugrunde, Lautgruppen, die genau so üblich waren, wie *ər, əl, əm, ən.*

Damit aber hoffen wir, auch die letzte scheinbare Berechtigung, von *$\check{r}r$, ļl* usw. auszugehen, als irrig erwiesen zu haben; statt deren oder statt der noch bedenklicheren Ansätze *ņ", ṃ™, ŗʳ, ļ^l,* zu denen nur eine Notlage führte (got. *unvunands* gegen *kunnum,* s. z. B. J. SCHMIDT Krit. 184), sind falsch und durch *ən, əm, ər, əl* zu ersetzen, wobei *ə* ein auch sonst in jeder Stellung nachweisbarer, überkurzer Vokal ist. Zudem könnten selbst die, welche *$\check{r}r$* usw. ansetzen, dies nur als eine Mittelstufe ansehen und müssen es auf älteres *ər* zurückführen, so daß also *$\check{r}r$* nur eine Übergangsstufe darstellte. Wir halten aber auch dies für falsch, 1. weil im Ai. *$\check{r}r$* zu *rir* wird, 2. weil

---

[1]) So wenigstens im allgemeinen auch HIRT, Ablaut 17.

das ə in allen anderen idg. Sprachen als solches deutlich nachweisbar ist und auch in jeder anderen Stellung begegnet, und
3. da der Parallelismus von *ŗr : r = iy : i, uv : u nicht genau
ist : ai. *ŗr ist nicht mehr nachweisbar.

132. Spontan aber wurde im Indoiranischen ə durch a
vertreten, so daß es mit der Vollstufe der 'a-Vokale' in diesem
Sprachzweig zusammenfiel und daher nicht mehr nachgewiesen
werden kann. Doch hat z. B. schon Thumb Handb. d. Sanskrit
80, § 107 a. Anm. auf häufiges a in der Tiefstufe hingewiesen
und vermutet, daß a die Vertretung 'irgend eines idg. Reduk-
tionsvokals' sei.

Den Nachdruck lege ich auch hier darauf, daß ə im Indischen nur in der Stellung vor r, ŗ, also nur in kombina-
torischem Wandel, zu i entwickelt wurde, daß aber ə sonst, im
Awestischen auch vor r, ŗ, und in beiden Sprachen vor m, n,
genau so behandelt wird, wie vor beliebig anderen Konsonanten
genau wie in den anderen idg. Sprachen.

In ai. *giri-*, aw. *gairi-*, lit. *gìria*, *gìrė* 'Wald' sehe ich also
eine idg. Vorform *gəri-* fortgesetzt, wozu slav. *gora* die Vollstufe enthält; ebenso decken sich *giri-* 'Maus' und griech. γαλῆ
'Wiesel' ganz hinsichtlich ihres Stammablauts (idg. *gəl-*), ai.
hirá 'Ader', *hirah* 'Band' hat dieselbe Ablautsstufe wie lat.
haru- in *haruspex*, und wahrscheinlich war hier die Silbengrenze
gi-ri- = idg. *gə-ri-*, ai. *hi-rá*, lat. *ha-ru-* usw. Ai. *gurúh* aus
gə-ru- zeigt denselben Ablaut wie griech. βαρύς usw.

133. Aus unserer Darstellung ergibt sich auch ohne
weiteres, daß es nicht richtig sein kann, wenn man dem idg.
n vor folgendem *i* im Arischen und Griechischen die besondere
Vertretung *an* zuerkennen mußte, während sonst vor Konsonanz *n* zu ar. *a*, griech. α wurde. Vielmehr ist in diesem
an natürlich idg. *ən* zu erblicken, das also vor *i* Regel war:
ai. *mányate*, griech. μαίνεται spiegelt altes *mən̥iatai (s. auch Hirt
IF. 7, 146, Ablaut 18 u. sonst). Dies scheint mit der besonderen
Silbengrenze in diesem Falle zusammenzuhängen.

134. Auch das Arische unterstützt also in diesem Punkte
unsere aus den anderen idg. Sprachen gewonnenen Ergebnisse:
das heiß umstrittene Problem der 'Sonantentheorie' scheint, soviel ich sehe, mit der Einführung des ursprachlichen Schwa
secundum in allen wesentlichen Punkten gelöst; wie es Hirt
IF. 7, 138 ff. schon zu zeigen versuchte, hatten in gewissem

7*

Sinne beide Parteien recht: nicht nur reine sonantische Liquiden und Nasale (r, l, m, n) hat die Grundsprache besessen, sondern daneben auch Verbindungen der konsonantischen Liquiden und Nasale mit dem auch sonst selbständig begegnenden idg. Schwa secundum ($ər$, $rə$, $əl$, $lə$, $əm$, $mə$, $ən$, $nə$): also doch nicht bloß um 'kleine Verschiedenheiten der Aussprache' handelt es sich, sondern das 'Residuum des Vokals' (BRUGMANN K.vgl. Gr. 121) ist nichts anderes als ein auch in jeder anderen Stellung erscheinender, zweiter Murmelvokal der idg. Grundsprache.

Somit kann es auch nicht mehr bei der von BRUGMANN K. vgl. Gr. 122 befolgten Praxis bleiben, daß man nämlich n r usw. für alle einschlägigen Fälle anwendet und dabei nur anerkennt, "daß unter verschiedenen nicht näher zu definierenden Bedingungen kleine Verschiedenheiten der Aussprache gewesen sind, wie solche übrigens auch für viele andere Fälle, wo man allgemein nur éin Zeichen anzuwenden pflegt, ohne Zweifel anzunehmen sind". Auch ist nicht etwa $^ə n$ $^ə m$ anzusetzen, was BRUGMANN früher Grdr. 1¹, 1, 395 erwogen hat, sondern der irrationale Vokal — nicht nur der 'Stimmgleitlaut' — war alleiniger Träger des Silbenakzents in diesen Fällen. Übrigens hatte schon BRUGMANN Grdr. 1², 396 A. geurteilt, HIRT komme mit seiner Lehre der Wahrheit am nächsten, was PEDERSEN KZ. 38, 412 (1902) ein 'sonderbares Urteil' genannt hat. Aber PEDERSEN ist eben auch in dieser Frage nicht glücklich gewesen; sein Angriff auf HIRTS 'ganz willkürliche Annahme', es hätten neben r, l, m, n auch $ər$, $əl$ usw. gegeben, war grundverfehlt: soviel auch wir im einzelnen an HIRTS Theorien zu ändern oder umzubilden hatten, in der Hauptsache dürfte der geistreiche Forscher gegenüber PEDERSEN, der dessen Standpunkt in dieser Frage 'einfach gar nicht' verstehen wollte (KZ. 38, 412), durchaus Recht behalten: es ist dem idg. Vokalbestand ein neuer, selbständiger, von Schwa primum ($ə$) verschiedener Murmellaut zuzuerkennen, das Schwa secundum.

VII. Abschnitt: idg. u-Färbung von ə.

135. Eine Reihe von Beispielen deuten darauf hin, daß $ə$ kombinatorisch, insbesondere in Umgebung von Labialen, Labiovelaren und u, u, schon voreinzelsprachlich u-Färbung

angenommen hatte und einzelsprachlich demnach als *u* erscheint.
Es gehört wohl manches hierher, was man auf idg. γ^u hat zurückführen wollen, vgl. Brugmann Grdr. 1², 453, Gr. Gr.⁴ 99,
§ 68 Anm. 1 mit Lit. An sich ist es ja ohne weiteres verständlich, wenn ə in Umgebung von Labialen dunkel gefärbt
wird, jedenfalls noch viel einfacher erklärlich, als die Annahme
dunkel getönter γ-Laute, die wir auch keineswegs ableugnen
möchten (s. § 126 A.). Daß es sich um ə handelt, zeigt meistens
die Übereinstimmung in der Stellung der Vokale bei Normal-
und Tiefstufe in diesen Fällen.

136. Es ist zunächst auf die Intensivbildungen hinzuweisen
(s. dazu W. Marcus, Zur Bildung der Intensiva in den alt-
arischen Dialekten und im Griechischen, Heidelberger Diss.
1914, S. 35 ff.). πορφύρω ist aus idg. *bhèr-bhər-i̯ó* oder *bhér-
bhər-i̯ö* zu erklären, einer Grundform, die auch im intens. ved.
járbhurat-, *járbhurāṇa-* fortgesetzt erscheint und idg. Alter für
diese Form erweist. Als der Akzent von *πέρ-φυρ-ι̯ω urgriech.
zu *περφύρω sich wandelte, entstand nach dem *o*-Abtönungs-
gesetz πορφύρω, wie IF. 37, 40 gezeigt. μορμύρω setzt altes
mér-mər-i̯ö oder *mèrmər-i̯ö* fort: daß zwischen solchen Akzenten
und vor i̯ kein γ, keine reine Liquida sonans, angenommen
werden kann, ist wohl ohne weiteres einleuchtend. Der Typus
ai. *marmara-* sowohl wie *murmura-* beruht erst auf jüngerer
Verallgemeinerung: aus idg.

mérmur- wurde

1. *mermer-* oder

2. *murmur*, indem man bei der Reduplikations- und
Stammsilbe Gleichheit im Vokalismus herbeiführte. Da diese
Ausgleichung schon voreinzelsprachlich sein kann, so braucht
lat. *murmurāre*, *murmur* nicht aus *mormurāre* entstanden zu
sein: daß ahd. *murmurōn*, *murmulōn*, nhd. *murmeln* aus dem
Lateinischen entlehnt sei (Marcus a. a. O. 37), kann ich angesichts von lit. *murmlénti*, *murménti*, *murméti* 'murmeln', aksl.
mrъmrati, griech. μυρμύρων · ταράccειν Hes., arm. *mŕmŕam*,
mŕmŕim 'murre, murmele', wo doch nur *i* oder *u* ausgefallen
sein kann, nicht zugeben. Ein Aussehen wie eine Form mit
Intensivreduplikation hat auch ai. *dardurá-* 'Frosch, Paukenton',
das in griech. δάρδα · μέλιccα Hes., slav. *dъrdoriti* in bulg. *dъrdórъ*
'plaudere, murre, brumme', ir. *dord* 'Brummen, Murren', *dor-
daim* 'brülle', cymr. *dwrdd* 'sonitus' seine Verwandten hat, s.

Lidén Stud. 46 f., Berneker Et. Wb. 254, Marcus a. a. O. 36). Die Basis lautete wohl *derū- oder ähnlich: bei einem lautmalenden Wort ist es schwer, eindeutige alte Formen zu erschließen; vgl. aber ai. *dardru-* 'ein Vogel'. Das *u* wird sich also trotz der dentalen Umgebung wegen des *ū*-Vokals im Basenauslaut erklären, konnte aber jederzeit an dem gehörten dumpfen Ton ('Brummen, Summen, dumpf dröhnen' usw.), den dieses Wort bezeichnete, neu eingeführt werden.

137. Lat. *gurgulio* mag aus *$g^u or$-$g^u \vartheta l$-$i\bar{o}$ entstanden sein; man hat in ai. *jalgulīti, járgurāṇa-,* lit. *gurklỹs* 'Kropf', apr. *gurcle* 'Gurgel', arm. *kur* 'Fraß', *gazan-a-kur* 'den wilden Tieren als Fraß dienend' (oder arm. *u* = idg. *ō*?) die Zeugen für das Alter des *u*-farbigen *ə*.

Aus idg. *$g^u ér$-$g^u ur$- entstanden wieder

1. $g^u er$-$g^u er$- in γέργερος · βρόγχος Hes.
2. $g^u ur$-$g^u ur$, vielleicht in lat. *gurgulio.*

Ein ähnlicher Fall ist lit. *gurgulỹs* 'Wirrwarr von Fäden', damit dürfte auch das υ in ἄγυρις 'Versammlung', ἀγύρτης 'Bettler, Landstreicher' vielleicht voreinzelsprachlich sein (s. o. § 48 Nr. 4 und unten § 143 über slavische Worte) — allerdings unter der Voraussetzung, daß die beiden Wörter zu dem lit. *gurgulỹs* enge zu stellen sind, was die Bedeutung nicht gerade als völlig zweifelsfrei erscheinen läßt. Hervorzuheben ist, daß lit. *gurgulỹs* keinen Labiovelaren besessen zu haben scheint, so daß hier das *u* auf analogischer Übertragung aus den anderen Intensivbildungen mit Labial und Labiovelar stammen wird. Es gehen freilich soviel anklingende Wortstämme mit einer ähnlichen Bedeutung durcheinander, daß es auch nicht ausgeschlossen ist, noch eine Basis *$g^u er$- anzunehmen; so sagt z. B. Walde Wb.[2] 353: die Sippe (sc. von griech. ἀγείρω, lat. *grex, gremium*) zeigt viele Bedeutungsberührungen mit der unter *glomus* besprochenen: **glem-, *grem-, *gel-, *ger-* daher vielleicht ursprünglich identisch". Da *g^u-* vor *u* — also z. B. in ἄγυρις, ἀγύρτης — im Griechischen zu -γ- wurde, wäre Zusammenfall mit den Formen zu **ger-*, mit γέργερα · πολλά, ἀγείρω, ἀγορά usw. eingetreten. Ein solches Nebeneinander haben wir jedenfalls sicher bei idg. **gel-* und **$g^u el$-, *$g^u er$-* 'verschlingen' vor uns: lat. *gula* < **$g^u \vartheta la$* gegen air. *gelim* 'fresse', ai *jalūkā,* mir. *gil* 'Blutegel'; andrerseits wieder griech. δέλεαρ, aiol. βλῆρ, arm. *ekul* 'verschlang' usw., Walde Wb.[2] 355.

138. cπυρίc, cφυρίc 'geflochtener Korb', cπυρίδιον 'Körbchen', die mit lat. *sporta, sportula* zu cπάρτον, cπάρτη 'Tau, Seil', cπεῖρα 'Windung', cπάρτος 'Strauch oder Gras, das zu Stricken verarbeitet wird' zu verbinden ist, kann, vom einzelsprachlichen Standpunkt aus betrachtet, zur Not lautgesetzlich verstanden werden; s. o. § 48 Nr. 3. Man hat aber auch auf lett. *spurstu* 'ausfasern', *spurs* 'Flosse' verwiesen, so daß *ə* = *u* schon in idg. Zeit ausgebildet gewesen wäre. Indessen scheint mir die Bedeutung der lett. Wörter eine Vereinigung keineswegs sicher zu fordern.

139. Eine recht schwierige Sippe ist griech. κυρτία 'Flechtwerk', κύρτος 'Fischreuse', die wohl nicht zu κάρταλος, κροτώνη < *κρατώνη, sondern zu κυρτός 'gekrümmt', κορωνός 'gekrümmt', κορώνη 'Ring, Kranz' gehören; nehmen wir dies an, dann läßt sich auch das υ in cκυρθάλιος · νεανίcκος Hes., lak. κυρcάνιος, cκύρθαξ, lit. *skurstù* 'verkümmere, bleibe im Wachstum zurück', *nu-skuřdẹs* 'im Wachstum verkümmert', ai. *áskṛdhoyuḥ* 'unverkürzt' anreihen. Freilich könnten diese Worte nicht auf eine Basis *ker-* 'liegen, krümmen, winden' (WALDE Wb. 216), sondern auf eine Parallelbildung mit anlautendem Labiovelaren *qu-* zurückgehen, wie sie ja auch von air. *cruim* 'Wurm' gegen cymr. *pryf* dass., ai. *kṛmiḥ*, lit. *kirmis* 'Wurm' verlangt wird[1]). Es wäre auch zur Not an eine *u*-Basis denkbar, indem κορω-νός, κυλλός, κυρτός auf *qerō(u)-* hindeuteten (s. PERSSON Beitr. 176, auch 165, 564): dann könnte man in diesem -*u*- den Grund der *u*-Farbe von idg. *ə* erkennen. Aber daß ich selbst auf diese Basenansätze nicht viel Wert lege, will ich keineswegs verschweigen: sei dem also, wie ihm wolle, diese Sippe wird jedenfalls kaum zum Beweis dafür taugen, daß schon idg. *ə* auch bei Velaren *u*-Farbe annehmen konnte, wenigstens nicht in zahlreichen Fällen und ohne weitere Einschränkung. Dagegen sprechen nicht nur Gegenbeispiele, sondern auch rein phonetische Erwägungen. Damit auf diesen recht unklaren Fall ein ganz deutlicher folge, nennen wir griech. ion. ῥυφέω, ῥυφάνω 'schlürfe', lit. *surbiù* 'sauge', lett. *surbju* dass. zu griech. ῥοφέω 'schlürfe', ῥόμα, mir. *srub* 'Schnauze', griech. ῥόφημα 'Brühe', lat. *sorbeo*, lit. *srébiù* 'schlürfe', arm. *arbi* 'trank', alb. *ǵerp* 'schlürfe' (idg. *sereb-, sreb-* : *srob-, serb-* : *sərb-*). Wegen der Über-

---

[1]) Dazu wohl auch lat. *curculio* 'Kornwurm' und lit. *kurklỹs* 'Maulwurfsgrille'.

einstimmung im *u*-Vokalismus von griech. cφῦρα, cφυρόν mit
ai. *sphuráti* könnte man auch an voreinzelsprachliches *u*-
Timbre in dieser Sippe von griech. ἀcπαίρω denken (s. o. § 48,
Nr. 17).

140. Eine Anzahl einzelsprachlicher Belege für *u* aus idg.
ə in Umgebung von labialen Lauten liefert uns das Lateinische.
So ist *mulier* zu nennen, das Sommer IF. 11, 54 f. als alte
Komparativform aufgefaßt hat. Aber wir werden nicht von
**m*ᵘ*l̥-ies-ī* zu *mollis* ausgehen, sondern von *məl-iesī. Mit un-
serer Annahme ist sofort eine weitere Schwierigkeit beseitigt.
Sommer Handb.² 46 f. wundert sich darüber, daß das *u*-Timbre
nicht unter allen Umständen eintrete: "bisweilen gibt es *u*-
farbige und normale Formen bei derselben Wurzel, manchmal
sogar in einundderselben Sprache, nebeneinander. Im Lateinischen erscheint bei *u*-Timbre *ŭr, ŭl* anstelle von *ŏr, ŏl*, z. B.
in *mulier* 'Weib' aus **m*ᵘ*l̥iesī* . . . . . gegenüber *mollis*, Wz. *mel*
'weich, mürbe machen'; im Griechischen nebeneinander von der
gleichen Wurzel: μαλακός 'weich', aber μύλη 'Mühle'."

Daß diese Auffassung, die beliebigem Schwanken Tür und
Tor öffnen würde, nicht richtig sein kann, liegt auf der Hand:
in *mollis* aus *molduis haben wir idg. *l̥*, vgl. ai. *mr̥dúh* 'weich',
aber in *mulier* liegt die Reduktionsstufe idg. *məl-* vor; ähnlich
verhalten sich auch griech. μαλακός : μύλη. Wir dürfen also
in diesen Verhältnissen wiederum einen Beweis mehr dafür
sehen, daß man mit *ər, əl* neben *r̥, l̥* rechnen muß.

141. Es erklären sich weiter so *gurdus* 'dumm, tölpel-
haft' aus idg. *gʷərd-us gegenüber der Tiefstufe in griech.
βραδύc aus **gʷr̥dus*. — *gurges* 'Strudel' aus **gʷərg-* zur Sippe
von *vorāre*, griech. βιβρώcκω; auch *gula* gehört zu einer eng
verwandten Wurzel. — *mulleus* 'rötlich, purpurfarben' aus **məl-
neios* zu Wz. *mel-* in griech. μέλας, μολύνω, ai. *malam* 'Schmutz,
Unrat', lit. *mulvas* 'rötlich, gelblich' (mit derselben Ablautsstufe
məl-!), *mulvė* 'Sumpf, Schlamm', *mul̃vyti, mul̃vinti* 'beschmieren'
usw. (s. Walde Wb.² 500 f., Reichelt KZ. 46, 334). — *pullus*
'schmutzfarben, schwärzlich' aus *pəl-nos zu *palleo* 'bin blaß',
griech. πελιός, πελλός, πολιός, ai. *palitáh* 'altersgrau', aksl. *plavъ*
'weiß', *pelesъ* 'grau', lit. *pelė* 'Maus', *patvas* 'blaßgelb', nhd. *fahl*,
ahd. *falo*. — *spurcus* aus *spəricos zu ir. *sorbaim* 'beflecke'.

Dagegen halte ich Reichelts Herleitung von *culleus* aus
**cᵘl̥neios* neben *callum* aus *calnom (KZ. 46, 334) nicht für richtig,

da wir es in diesem Falle mit idg. *k-*, nicht *qᵘ-* zu tun haben und auch die Bedeutungen nicht stimmen.

142. Aus dem Litauischen sei beispielsweise noch erwähnt: *burnà* 'Mund' gegen arm. *beran* 'Mund', mir. *bern, berna* 'Kluft', wohl zur Sippe von griech. φάραγξ und lat. *forāre* : *burnà* aus **bhərnă.* — *gùlbas, gulbḗ,* apr. *gulbis* 'Schwan', die man am besten zu aksl. *golǫbъ* 'Taube' aus **gol-onbh-, *golṇbh-* (BERNEKER Wb. 322) stellen wird, sind aus **gəlb-* zu erklären. — *gurti* 'gellen' aus **gᵘ̯ər-* zu ahd. *queran* 'seufzen', griech. δερίαι · λοιδορίαι — *kuriù, kùrti* 'bauen' aus **qᵘ̯ər-* zu ai. *karóti.,* aksl. *krъčъ* 'Baumeister', air. *cruth* 'Gestalt' gegen cymr. *pryd* 'Aussehen'. — pr. *kurwis* 'Ochse' aus **kərṷ-,* vgl. lit. *kárvė* 'Kuh', aksl. *krava* dass. mit *k-* gegen *sъrna.* BERNEKER Wb. 577 setzt für apr. *curwis* die Grundform *qr̄ṷ-* an — ich glaube nicht mit Recht. Das *ə* ist die Schwächung des kurzen *e* in griech. κερα(F)óς, lat. *cervus:* auch in zweisilbigen Basen mit *e* in der ersten Silbe muß *ə* entstanden sein. — lett. *muldēt* 'herumirren' gegen *maldīt* 'irren', *melst* 'verwirrt reden' und weiterhin griech. μέλεος : *muld-* < **məld-.* — *kuñpas* 'krumm' : griech. καμπύλος usw., s. BRUGMANN Grdr. 1², 1, 410. — lett. *purdulï* 'Nasenschleim' : griech. παρδακός 'naß, feucht' PERSSON Beitr. 229. — Lit. *mandrùs* : *mundrùs* 'munter' (**mənd-*). — Lit. *purvaĩ* 'Straßenkot', lett. *pur(w)s* 'Schlamm' wird mit lat. *spurcus* (s. o.) auf **(s)pər-* zurückzuführen sein und zu ir. *sorbaim* 'beflecke' gehören (s. WALDE Wb.² 734). — *spùrgas* 'Sproß' aus **spərg-* zu lat. *spargo,* griech. cπαργή usw. — lit. *gruménti* 'dumpf donnern' : griech. χρόμαδος PERSSON a. a. O. 100. — Apr. *spurglis* 'Sperling' gegen *sperglawang* 'Sperber', griech. cπέργουλοc · ὀρνιθάριον ἄγριον Hes. und mhd. *sperke* 'Sperling' (< **spərg-*) : In all diesen und ähnlichen Fällen[1]) dürfte es das nächstliegende sein, idg. *ə* anzunehmen anstatt der seither üblichen *r̥, r̥r, l̥, l̥l.*

143. Aus dem Slavischen sei z. B. angeführt: aksl. *grъlo,* urslav. *ъ* wegen russ. *górlo* (J. SCHMIDT Idg. Vokal. II, 21, BERNEKER Wb. 369) stimmt mit lit. *gurklȳs* 'Kropf', apr. *gurcle* 'Gurgel' zu idg. **qᵘ̯er-* 'vorāre'. — Aksl. *grъnъ* 'Kessel', russ.

---

¹) Für die *u*-Färbung in lit. *dùmti* 'wehen' aksl. *dъma, dǫti* 'blasen' zu ai. *dhámati* 'bläst' (*dhamitá-*) kommt vor allem die Nebenform mit Labial in lit. *dùmplės* 'Blasebalg', norw. dial. *demba* 'rauchen', mhd. *dempfen* 'dämpfen'. nhd. *Dampf* usw. in Betracht, dann die anklingende Sippe von *dunǫti, dymъ* s. BERNEKER, Wb. 244 f. mit Lit.

gornъ 'Herd' zu lat. *fornus*, idg. **ghǝr-*. — Slav. **bъrkъ* in poln.
bark 'Oberarm, Achsel' vielleicht aus **bhǝr-ko* zu *bher-* 'ferre'
(BERNEKER Wb. 109). — Russ. *bortъ* 'hohler Baum', čech. *brt*
'Höhlung im Baum' aus **bhьrt-* zu Wz. *bher* 'forāre'. — Russ.
borъ 'Hirsenart', serbokr. *bâr* dass. ⟨ **bhǝr-* zu Wz. *bher-* 'spitz
sein', ai. *bhr̥ṣṭí-*, nhd. *Borste*; insbesondere vgl. air. *barr* ⟨ **bǝrsos*
'Gipfel', lat. *fa(r)sti-* in *fastigium*, dazu auch russ. *borščъ* 'Bären-
klau'. — Slav. **bъrzъ* in russ. *bórzyj* 'geschwind' vielleicht zu
festinare Wz. *bhers-, bhǝrs*, s. BERNEKER Wb. 110. — Russ. *vorsa*
'Haar' (auf Wolle) zu lit. *varsà* 'Flocke von Wolle', slav. **vъrsa* aus
*u̯ersa. — Aksl. *grъbъ* 'Rücken', russ. *gorbъ* 'Buckel, Höcker' usw.
(J. SCHMIDT Vok. 21, BERNEKER Wb. 368) nicht aus **grbo-*, sondern
aus **gǝrbo-* zu ir. *gerbach* 'rugosus', nisl. *korpa* 'Runzel, Falte'. —
*kъlka in bulg. *kúlka* 'Hüfte' scheinen *ъ* aus *ǝ* zu enthalten wie
lit. *kùlszė, kùlszis* 'Hüfte', *kulksz(n)ìs* 'Knöchel am Fuß', *kulnìs*
'Ferse' zu lit. *kelȳs*, aksl. *kolěno* 'Knie', lat. *calx*. Man denkt an die
Basis *qᵘel-* 'sich drehen' in lat. *colo*, aksl. *kolo* usw., wozu slav. **kъrъ*
in klr. *kórkuš* 'Nacken' usw. (BERNEKER Wb. 668). — Russ. *smorkatъ*
'sich schneuzen' ⟨ **smǝrk-* zu lit. *smarkatà* 'Rotz'. In ein paar
Fällen scheint das *u*-Timbre auch bei Velaren, die offenbar
dunkel artikuliert wurden, eingetreten zu sein; insbesondere
ist dies der Fall bei **gъrtati* in klruss. *pry-hortáty* 'fassen, an
sich drücken', poln. *garnąć* 'zusammenscharren, raffen', das zu
griech. ἀγείρω, ἄγυρις, ἀγύρτης gehört, so daß in dieser Wortsippe
wohl doch schon idg. *u*-Formen vorhanden waren. Vielleicht
auch aksl. *krъma* 'Nahrung', russ. *kormъ* 'Futter, Nahrung' usw.
zu griech. κείρω nach BERNEKER Wb. 669. Einige mehr oder
weniger unklare Fälle s. bei J. SCHMIDT Vok. II, 18 ff.

144. Es kann nicht etwa meine Aufgabe sein, bis in
alle Einzelheiten der Verteilung von lit. *ir* und *ur*, von urslav.
ьr und *ъr* hier nachzugehen; ebensowenig möchte ich die ver-
wickelte Frage, wie im Sanskrit *ír* und *úr* verteilt sind, hier
wiederaufnehmen[1]). Es genügt mir hier, gezeigt zu haben,
daß vieles, was man bis jetzt auf idg. *r̥, l̥, m̥, n̥* zurückführt,
sich einfacher als Fortsetzung der Reduktionsstufe mit idg. *ǝ*
verstehen läßt, daß insbesondere dieses Nebeneinander von *ir*
und *ur* auf diese Weise viel leichter verständlich wird. Man
wird mir, denke ich, zugeben, daß idg. *ǝ* in Nachbarschaft von

---

[1]) s. BLOOMFIELD Proc. A. O. S. 1894, 156 ff., PERSSON Beitr. 752 ff.
(die über *ír* : *úr* handeln); dazu MEILLET, Mél. Lévi, S. 17 ff.

Labialen, Labiovelaren und ụ schon idg. *u*-Farbe annehmen
konnte; in einem oder dem anderen Fall hat vielleicht auch
ein Reinvelar diese verdumpfende Wirkung auf den irrationalen
Vokal ausgeübt unter noch nicht ermittelten Sonderbedingungen;
einzelsprachlich ist dann über diese Grenzen hinaus *u*-Färbung
des ə eingetreten, so daß man manchmal, wie z. B. im Griechischen, nicht scharf scheiden kann, ob ein υ = ə schon idg.
oder erst gemeingriechisch seine labiale Farbe bekommen hat.

145. Erwähnt sei schließlich, daß aus dem Sanskrit
meiner Ansicht nach sich einige Etymologien, die man aufgeben zu müssen geglaubt hatte, vom Standpunkt unserer Lehre
recht wohl halten lassen : *múniḥ* 'Seher, Begeisterter' läßt sich
z. B. aus **məni-* ohne weiteres zur idg. Basis **men-* in *mányate*,
griech. μέμονα, lat. *memini* usw. stellen, eine schon früher oft
vorgebrachte Wortdeutung, die man angesichts des griech. μάντιϲ
nur ungern aufgeben mag. Vgl. ferner WACKERNAGEL KZ. 41,
316 über *kúbera-*, und PETERSSON über ai. *kulija-* IF. 34, 232.

Leugnen aber müssen wir, daß die *u*-Färbung in ein und
derselben Ablautsstufe bald erscheint, bald nicht; in solchen
Fällen handelt es sich stets um verschiedene idg. Ablautsstufen:
die Reduktion liegt da neben der Tiefstufe, und gerade solche
Fälle, wie lat. *mulier* zu *mollis*, griech. μαλακόϲ : μύλη, ϲφῦρα zu
ϲφαῖρα, ϲκύλλω zu ϲκάλλω zeigen uns, daß man mit einer doppelten Schwächung auch bei Wörtern mit kurzem Stammvokal
rechnen muß.

VIII. Abschnitt: əi, əu vor Konsonanz.

146. Wir haben oben gesehen, daß idg. əị und əụ als
iị und *uụ* erscheinen, wenn sie vor folgendem Sonanten stehen.
Was aber, so erübrigt uns noch zu fragen, ergaben diese voreinzelsprachlichen Lautgruppen in der Stellung vor Konsonanz?

HIRTS Ansichten über diesen Punkt sind offenbar etwas
unsicher: denn während er IF. 7, 158 lehrte, əi und i, əu und
u seien ganz zusammengefallen, finden wir Ablaut 14, Handb.
d. gr. Laut- u. Formenl.² 117, § 120 diese Angabe dahin erwei-
tert, daß idg. əi und əu als *ī* und *ū* erscheinen, wenn sie im
Idg. sekundär den Ton erhalten hatten. Denn — so lesen wir
an der erstgenannten Stelle — "ganz läßt sich das Auftreten von
ī und *ū* in den kurzvokalischen Reihen nicht in Abrede stellen".

147. Nun sollte im Ablaut S. 17 idg. *ə* vor Sonorlaut,
r, l, m, n, i, u und deren einzelsprachliche Vertretung dargestellt werden; indessen folgt dem ersten Teil (*ə* in der Stellung
vor heterosyllabischem Sonorlaut) kein zweiter Abschnitt, wo
ə in Verbindung mit tautosyllabischem Sonoren dargestellt wäre.
Jene Zusatzregel, daß *əi* und *əu* bei sekundärer Betonung als
ī und *ū* in den Einzelsprachen erscheinen, ist von KRETSCHMER
KZ. 31, 337 ff. und BECHTEL Hauptprobl. 149 ff. zuerst ausgesprochen worden im Hinblick auf OSTHOFFS Regeln in MU.
IV, 282, daß idg. *ī* und *ū* als Längen unter dem Nebenton
erhalten seien.

Über die Bedingungen, unter denen *ī* und *ū* in der leicht-
vokalischen Reihe auftreten, wollen wir zunächst nicht reden:
es fragt sich, ob die Tatsache selbst richtig ist.

148. Diese aber kann niemand leugnen, auch wenn man,
wie z. B. WACKERNAGEL Ai. Gr. I, 97 ff., § 86 und KRETSCHMER
a. a. O. gegen OSTHOFFS Lehren sich ablehnend verhält. Dabei
sind die Beispiele im Verhältnis gar nicht allzu selten. 'Voll-
ständig verfehlt' nennt HIRT Handb.[2] 115 OSTHOFFS Arbeit
(MU. IV); allein so viel Unrichtiges und Überholtes das 1881
erschienene Buch auch enthalten mag, trotzdem OSTHOFF nicht
zwischen schweren und leichten Basen schied, sein Grund-
gedanke, diese Lehre von der 'nebentonigen Tiefstufe', hat sich
allen Anfechtungen zum Trotz als richtig herausgestellt. Freilich
nicht genau in seinem Sinne!

Die oben angedeutete, etwas unsichere Stellungsnahme
HIRTS zu der uns hier beschäftigenden Frage ist wohl schuld
daran, wenn manche Gelehrte die *ī* und *ū* in leichten Reihen
auch heute noch mit sehr mißtrauischen Augen betrachten.
So lesen wir z. B. bei SOMMER Handb.[2] 53, § 51: "Schon ursprachlich sind gewisse Unregelmäßigkeiten im Ablautsystem
nachzuweisen, die vielfach einer sicheren Erklärung harren,
wie z. B. das Auftreten von *ī* und *ū* auch als Reduktion von
Kurzdiphthongen (etwa *bhūg* neben *bhug* zu *bheug-* in lith.
búgti 'erschrecken' gegenüber lat. *fŭgiō* zu φεύγειν". Manches
Hierhergehörige stellt BRUGMANN Grdr.[2] 3, 1, 128, § 75 unter
eine Rubrik, die er überschreibt: "Formen mit uridg. *ū* und *ī*
in der Wurzelsilbe, einer Ablautsstufe, deren Stellung im Ablautsystem noch unklar ist".

149. Es will mir scheinen, als ob die Stellung solcher

ī und ū, deren tatsächliches Vorkommen man nicht bezweifeln kann, sich gerade im Ablautsystem sehr leicht angeben lasse:

Wir haben im Vorausgehenden gezeigt, daß idg. *e* in zwiefacher Weise behandelt wurde, in der

Reduktion wurde es *ə*, in der

Schwundstufe fiel es aus. Ferner sahen wir, daß

uridg. *əi, əu* + Sonant mit

i, u + Sonant, d. h.

historisch $\left. \begin{array}{l} i\underset{.}{i} \text{ mit } \underset{.}{i} \\ u\underset{.}{u} \text{ „ } \underset{.}{u} \end{array} \right\}$ + Sonant

wechseln. Wenn also *e* als Bestandteil eines Diphthongen geradeso behandelt würde, wie als selbständiger Vokal, dann muß sich nach der Abstufung *e : ə : 0* bei den Diphthongen ergeben $e\underset{.}{i} : əi : i$

$əu\underset{.}{} : e\underset{.}{u} : u.$ Da *əi̯* vor Sonant aber $>$ *i̯i̯, əu̯* $>$ *u̯u̯* wurde, so ist zunächst theoretisch für *əi, əu* + Konsonant nur *ī, ū* (aus *ii, uu* kontrahiert) zu erwarten.

Solche *ī* und *ū* liegen nun z. B. in folgenden Fällen tatsächlich vor:

150. Lit. *búgstu, búgti* 'erschrecken' neben *bauginti* 'scheuchen', *baugùs* 'furchtsam' zu φεύγω, φυγεῖν, lat. *fugio*, got. *biugan* usw. Dasselbe *ū* begegnet aber auch in ags. *búʒan* 'biegen' (Osthoff MU. 4, 11; Loewe Germ. Sprachw. 118, Streitberg Urgerm. Gr. 292, Noreen Urg. Lautl. 79 ff., Sommer IF. 31, 372.), mnd. *būgen*, holl. *buigen*, aschwed. *būgha*. Es ist bei dem gemeinsamen Auftreten des *ū* in der litauischen und in den germ. Formen ein aussichtsloses Unterfangen, das Vorhandensein von idg. *ū* hinwegzuleugnen und es im Germanischen etwa nach Verben von schweren Basen wie afries. *slūta* 'schließen' entstanden sein zu lassen. Vielmehr ist die Sache m. A. umgekehrt: weil *ū* in ein paar vereinzelten Verben mit schweren Basen vorhanden war und sich mit der ersten Reihe eine deutliche Analogie herausbilden konnte (**stīgan : *staig = *slūtan : *slaut*), erhielten sich im Germanischen, nur von diesen besonderen Umständen begünstigt, alte *ū*-Formen im Paradigma von *eu̯*-Basen in größerer Anzahl. Denn auch lit. *lúsztu* 'breche' stimmt zu got. *lūkan*, ags. *lūcan*, ahd. *lūhhan* 'schließen' und erweist das voreinzelsprachliche Vorhandensein von *ū* (s. Brugmann Grdr.² 3, 1, 128). Es ist die *eu̯*-Basis, die in griech. λευγαλέος, λυγρός, lat. *lūgeo*, ai. *rujáti, rugnáḥ* 'zerbrochen' usw. auftritt. —

Aisl. *sūga*, ags. *sūgan* und *sūcan*, ahd. *sūgan* 'saugen', lett. *sūzu*, *sūkt* 'saugen', vgl. auch lit. *sunkiù*, *suñkti* 'Feuchtigkeit absickern lassen', eine Weiterbildung zur Wz. *seu-* in ai. *sunóti*, aw. *hunaoiti*, mir. *suth* 'Saft' usw. —

Zu derselben Basis auch aisl. *sūpa*, ahd. *sūfan*, ags. *sūpan* 'schlürfen, trinken, saufen', aksl. *szsati*, ai. *sūpa-* 'Brühe, Suppe' (idg. **seup*, **seub*, vgl. auch norw. *søbe* 'schlürfen' < **saupian* FALK-TORP Norw.-dän. Wb. II, 1232). —

Ahd. *brūhhan* 'brauchen', as. *brūkan* 'genießen' gehört zu lat. *fruor*, das wegen *frūges*, *frūctus* aus **frūg-ųor* zurückgeht (s. BRUGMANN Grdr. 3², 1, 271, § 189), vgl. ai. *bhunákti* 'genießt'.

Ags. *smūgan* 'kriechen' (neben *ʒe-smoʒen*) zu lett. *mūkt* 'sich ablösen', lit. *smùkti* 'sinken, rutschen', aksl. *mučati* 'kriechen', ai. *muñcáti* 'löst, befreit (idg. **meuk- meug-*). —

Ags. *scúfan* (neben *scéofan*), aisl. *skúfa*, got. *af-skiuban* 'schieben', afries *skūva*, mnd. *schūven*, holl. *schuiven* zu lit. *skùpti* 'eilen', ai. *kṣóbhate*, *kṣúbhyate* 'schwankt, zittert'. —

ags. *lūtan* 'fallen, sich beugen, neigen', aisl. *slūta* 'herabhängen, untätig sein' gehören wohl zu got. *lutōn* 'betrügen', *liuts* 'heuchlerisch, betrügerisch' (s. FALK-TORP Wb. I, 658, II, 1066 f.). —

aisl. *hūka* 'hocken', mnd. *hūken*, holl. *huiken*, mhd. *hūchen* zu aisl. *hoka*, *hokra* 'kriechen', idg. **keuq-* in lat. *cu(g)mulus*, lit. *kúgis* 'großer Heuhaufe' (mit demselben *ú*), *kangurẽ* 'kleiner steiler Hügel'. —

Ahd. *klūbōn* 'zerpfücken, zerspalten', nhd. *klauben* neben ahd. *klioban* 'klieben' zu lat. *glūbo*, griech. ϝλύφω 'schnitze', ϝλύφις 'Kerbe', wohl auch lat. *glūma* 'Schale, Hülse' < **glūbhmā*. —

Mhd. *slūchen*, mnd. *slūken* 'hinunterschlucken', norw. *slūka*, mhd. *slūch* 'Rachen, Abgrund', nd. *slūk(e)* 'Schlund' gegen mnd. *sloke* 'Kehle', mhd. *slucken* zu ir. *sluccim* 'verschlucke', griech. λύζω 'schluchze', λύγδην 'schluchzend'. —

Ai. *gúhati* 'verbirgt', *jugūha* neben ved. *goha-*, *guha-*, *guháti*, aw. *gaoz-* (OSTHOFF MU. 4, 9; WACKERNAGEL Ai. Gr. I, § 82, BRUGMANN Grdr. 1², 504, Verf. IF. 30, 88). —

ūhati 'schiebt, rückt' : *uhati* bei Präpos., aor. *uhyāt*, ved. *-ohá*, *-oham* (WHITNEY Wurz. 13). —

Ved. caus. *dúṣáyati*, *dūṣyate* samt Nominalableitungen, wie *dūṣa-*, *dūṣaka-*, *dūṣin-*, *dúṣana-* usw. neben *doṣa-*, *doṣin*, *doṣya* usw. —

Lit. *glúdoti* 'angeschmiegt liegen', arm. *kut* 'zusammen-
falten, Verdoppelung' zu *idg. *gleu̯-* in lit. *gludus* 'sich dicht anschmiegend', lett. *gluds* 'glatt', lit. *glaũsti* 'anschmiegen', *glaudùs*
'anschmiegend'. —
Vielleicht lat. *trūdo*, vgl. namentlich aisl. *þrútinn* 'ge-
schwollen', cymr. *trythu* 'schwellen' neben got. *us-þriutan* usw.
s. WALDE Wb.² 794, BRUGMANN Grdr. 3² 1, 118.

Daß der Wechsel *ū* : *u* oft vom Akzente abhängig ist,
zeigen folgende Fälle, bei denen *ū* auch alt (nicht aus *óu̯* entstanden) sein kann (s. BRUGMANN Grdr. 1² 504):

151. μῦc μῦóc, lat. *mūs mūris*, ai. *mūḥ* 'Maus', ahd. *mūs*
gegen *u* in ai. *muṣká-*, np. *mušk*, μύcχον · τὸ ἀνδρεῖον καὶ γυναι-
κεῖον μόριον, ai. *muṣṭí-* 'Faust' (Verf. KZ. 45,196 ff.). — *yūpa-* 'Opfer-
posten' : *yupyati* (Gr.), ved. perf. *yuyópa*, *yupitá-*, *yopana-* usw.
'glätten'. — Ved. *stūpa-* 'Schopf' gegen *stupá-*, griech. cτύπος
'Stock, Stengel' (s. WACKERNAGEL Ai. Gr. I, 92). — Griech. ῦc, lat.
sūs, aw. *hū-*, ahd. usw. *sū* zu Gen. ὑóc, *suis*, *suīnus*, cῦ-φορβóc usw.
Wahrscheinlich gehört *sūcus* 'Saft', *sūgo* 'saugen' usw. hierher
(so wenigstens WALDE Wb.² 758); keinesfalls ist idg. *sūs*
Schwächung einer schweren Basis. Daß *ū* nicht etwa bloß im
Nominativ, wo die Dehnstufe besondere Bedingungen geschaffen
hat, erscheint, sondern auch sonst, zeigen insbesondere ai. *sū-*
karáḥ, aw. *hūkǝhrpa-*; über lat. *sūbus* s. SOMMER Handb.² 385.
Damit kommen wir zu den *ū*-Stämmen, deren Ablaut- und
Betonungsverhältnisse KRETSCHMER KZ. 31, 331 ff. in trefflicher
Weise untersucht hat. Als auffallendste Tatsache ergibt sich
hier, daß -*ú*-Stämme den Akzent tragen und häufig mit Maskulinen auf -*u* wechseln. Die interessanteste — und wohl auch
ursprünglichste — Gruppe ist die, bei der oxytonierte feminine
ū-Stämme mit barytonierten Maskulinen oder Femininen auf -*u*
im Ablautswechsel stehen, z. B. ai. *ágru-* m : *agrú-* 'Jungfrau',
dhánu- f. : *dhanú-* 'trockenes Land', *kádru-* : *kadrú-* 'rotbraun',
játu- : *jatú-* 'Lack, Gummi', *gúggulu-* : *guggulú-* Bdellion', *pŕdāku-* :
pŕdakú- 'Natter, Schlange', *mádhu-* : *madhú-* f. 'süß', *śváśu-ra-*
'Schwiegervater' : *śvaśrú-* 'Schwiegermutter'.

152. Auch sonst sind die femininen *ū*-Stämme durchaus
oxytoniert : ai. *juhú-* 'Zunge', *tanú-* 'Leib', *vadhú-* 'Frau', *camú-*
'Schüssel' sogut wie griech. ὀφρύc 'Braue', νηδύc 'Magen',
πληθύc 'Menge', ἰξύc 'Weichen', ὀϊζύc 'Elend', λιγνύc 'Dampf',
ἀγούρητc 'Beredsamkeit', ἀκοντιcτύc 'Speerwerfen', ἀκεcτύc 'Hei-

lung', ἀλαωτύς 'Blendung', βοητύς 'Rufen', βρωτύς 'Essen',
γραπτύς 'Kitzeln der Haut', δαιτύς 'Gastmahl', ἐδητύς 'Essen',
ἐλεητύς 'Erbarmen', ἐπητύς 'freundliche Aufnahme', κιθαριστύς
'Zitherspiel', ὀαριστύς 'freundlicher Umgang', ὀρχηστύς 'Tanz',
ὀτρυντύς 'Antrieb', ῥυστακτύς 'Mißhandlung', τανυστύς 'Spannung',
φραστύς 'Überlegen', τριτύς, τετρακτύς usw. Über scheinbare
Ausnahmen im Griechischen s. Kretschmer a. a. O. 336.

153. Besonders beweisend für den Zusammenhang des
langen $\bar{u}$ mit dem Akzent und der Kürze mit Unbetontheit ist
der Vokativ dieser femininen u-Stämme, der den Akzent zu-
zückzieht und daher kurzen Stammvokal zeigt, z. B. ai. *bábhru,
júhu*[1]). Da $\bar{u}$ in den Kasus mit konsonantisch, aber $u\mu$ in
denjenigen mit vokalisch anlautender Endung auftritt, haben
wir hier den idg. Wechsel $\bar{u} = \acute{s}\mu + $ Kons., $uv = \partial\mu + $ Vokal.
ahd. *strūbēn*, mhd. *strūben* 'starren, starr emporstehen', *strūbe*
'struppig', as. *strūf* dass. : aksl. *strъpъtъ* 'asperitas', *strъpъtъnъ*
'τραχύς'. Ähnlich ags. *strūtian* 'to be rigid', aisl. *strútr* 'her-
vorstehender Gipfel eines Hutes u. dgl.' : nd. *strutt* 'starr', nhd.
'strotz', mhd. *striuzen* 'sträuben', nhd. *Strauß*, vgl. Persson Beitr.
443 ff., der mit Recht voreinzelsprachliches Alter dieser Sippen
*strūd : *strud, streup* : *strūp-* : *strup* gegen Schröder IF. 18, 522 ff.
verteidigt. Daß wir es aber nur mit 'Wurzelvariation' zu tun
haben, dürfte man nach unseren Ausführungen nicht für wahrscheinlich finden. Ähnlich verhalten sich griech. γρῦπός, aisl.
kriúpa 'kriechen' : nisl. *korpna* 'sich zusammenziehen' (a. a. O.). —

Auch sonst hat Persson in seinen reichhaltigen Beiträgen
vieles zusammengestellt, was wir hier für unseren Zweck ver-
werten könnten; ich übernehme z. B. noch von ihm idg. **peut-* :
pūt- : *put-* in lit. *papautas* 'Schwiele', *paũtas* 'Ei, Hode' : *pa-si-
pūtėlis* 'aufgeblasener Mensch', lett. *pūte* 'Blase, Blatter' : *pùsti*
'schwellen, sich aufblasen'. Dazu ai. *pūtaú* : *putau* dual. 'beide
Hinterbacken' : griech. πύννος · ὁ πρωκτός (*pūts-νος, a. a. O.
243). Ebenso **peup-* : *pūp-* : *pup-* : lett. *paupt* 'schwellen' : *pūpùli,
pūpuli* 'Weidenkätzchen', *pups* 'Weiberbrust', lit. *pupùle* 'Knospe';
nach Persson 246 auch lat. *pūpulus, pūpus* usw. — Ai. *kúpah*
'Grube, Höhle, Brunnen' : griech. κύπη · τρώγλη, κύπελλον, lat.
cūpa; aber lit. *kaũpas* 'Haufen', aksl. *kupъ* 'Haufe', aw. *kaufa-,
np. *kōh*, aisl. *kúfungr* 'Schneckenhaus', *kúfóttr* 'rund, kugel-

---

[1]) Auch weist Kretschmer a. a. O. 344 mit Recht auf den Gegensatz griech. πρεσβύ-της, πρεσβῦ-τις : πρέσβυς.

förmig', nisl. *kúor* 'Gipfel' : nhd. *Kübel*, ahd. *miluh-kübel*, mhd. *kobe*, *kove*, nhd. *Kofen* usw. (a. a. O. 102). —

Ferner wären zu nennen germ. *hūs* in got. *gudhūs* 'Tempel', aisl. ags. ahd. *hūs* : griech. κεύθω 'verberge', cymr. *cuddio* 'verbergen' (: ags. *hýdan* dass.), ahd. *hūt*, as. *hūd* 'Haut' : lat. *cutis*, griech. ἐγκυτί, lit. *kūtis* 'Stall' (**skeu-t-* s. Walde Wb.² 218). — Lat. *pūs* 'Eiter', griech. πύθω, πύη, ai. *pū́yati*, aw. *puyeiti*, got. *fūls*, ahd. *fūl*, nhd. *faul*, lit. *pūliai* : *piaulaĩ* 'verfaultes Holz'. — got. *hlūtrs* 'lauter', ags. *hlútor*, as. *hlūttar*, ahd. *hlūt(t)ar* 'rein', cymr. *clir* (**k̑lūros*) : lat. *cluo*, griech. κλύζω 'spüle', κλυσμός, lit. *szlŭ-ju*, *szlaviaũ* 'fege, wische' usw. — Got. *hūhjan* 'sammeln, anhäufen : *hiuhma* 'Haufe', *hauhs* 'hoch'; Streitbergs Annahme Got. Elementarb.³ 74, § 65, *hūhjan* habe 'aus Gründen des Ablauts' nasaliertes *u* gehabt, ist unrichtg, s. auch Braune Got. Gr.⁸ 10, § 15a (nicht unter b!). — Got. *-dūbō* 'Taube', eigentlich die 'schwärzliche' (s. die analogen Fälle bei Feist Et. Wb. 144) zu ir. *dub* 'schwarz', gall. *Dubis* ein Flußname, griech. τυφλός 'dunkel, blind', also weiterhin auch got. *daubs* 'taub' ahd. *toub* 'empfindungslos, taub' usw. — Got. *rūna* 'Geheimnis', aisl. *rúnar* Plur. 'Runen', ags. *rún*, as. ahd. *rūna*, air. *rún* 'Geheimnis' : griech. ἐρευνάω 'spüre aus', ἔρευνα 'Nachspüren'. — Got. *rūms* 'Raum, geräumig', aisl. *rúm* 'freier Platz', ahd. *rūm*, nhd. *Raum* : lat. *rūs* aus **reu-os*, aw. *ravah-* 'Weite, Raum', aksl. *ravĭnŭ* 'eben'. — Got. *brūþs* 'Schwiegertochter', ahd. *brūt* 'junge Frau, Gattin' : lat. *Frutis* 'Beiname der Venus', *frùtex* 'Strauch' **bhreu-*, s. Walde Wb.² 321, Braune PBB. 32, 30 ff.). — Sommer IF. 31, 372 f. führt nhd. *keusch*, ahd. *chūski* ansprechend auf idg. **ĝūs-sko-* (zu griech. γεύομαι, lat. *gustāre*, got. *kiusan* usw.) zurück. Dabei verteidigt er gegen Hirt Abl. 144, Nr. 744 mit vollem Recht die Zugehörigkeit von ahd. *hlūt*, ags. *hlúd*, as. *hlūd* 'laut' zu *Hlud-wīg*, ai. *śrutáḥ*, lat. *inclutus* usw.; auch aw. *srūtō* spielt eine Rolle in dieser Frage. — Höchst wahrscheinlich gehört auch der Wechsel von *ū* : *u* in ai. *sūnúḥ* 'Sohn', lit. *sūnùs*, aksl. *synŭ* gegen got. *sunus*, aisl. *sonr*, ags. ahd. *sunu* 'Sohn' hierher, da man hier kaum an schwere Basen denken kann; vgl. auch ai. *úd* 'heraus', air. *ud* 'heraus': aber got. *ūt*, aisl. ags. as. *ūt*, ahd. *ūz* dass. — Ahd. as. *un-hiuri* 'grausig', schrecklich', mhd. *gehiure* 'sanft, anmutig', nhd. *geheuer* : aisl. *hýrr* 'mild', ags. *hýre* 'freundlich' (germ. **heuri-* : **hūri*, s. Feist Et. Wb. d. got. Spr. 289).

Lat. *tū*, aw. *tū*, ai. *tū* (Partikel), aisl. *þú*, griech. τύνη, apr. *tou*, ksl. *ty* gegen griech. τύ, cύ; vgl. aw. *tava-*, griech. τεός, lat. *tovos*, lit. *tavè* usw. — Auch idg. **nū* : **nu* in ai. *nú̃*, *nūnám*, gr. νῦ(ν), ahd. *nū* gegen ai. *nu*, griech. νύ̃, ahd. *nu* mag hier-hergehören.

154. Seltener scheinen *ī*-Formen in der Reihe *ei*—*i* zu sein. Da seien als Beispiele genannt: griech. ἵκω gegen ἱκάνω, lit. *sěkiu* 'lange mit der Hand', air. *rosiacht* 'erreichte, kam an'. — Griech. νίφει 'schneit', hom. νīφέμεν (M. 280) ist neben νείφει nicht anzuzweifeln (Venet. A. gegen Herodian!) zu νιφάc, ἀγάννιφοc usw. — ἶδοc 'Schweiß', ἱδίω 'schwitze' zu ai. *svídyati*, *svédate*, ahd. *sweiʒ*, ai. *svéda-*, aw. *xvaēδa-* usw. — κῑνέω 'setze in Be-wegung, treibe, μετεκίαθε 'folgte nach', κίνυμαι 'bewege mich' zu ὀνοκί-νδιοc 'Eselstreiber', κίω 'gehe', lat. *ci(e)o*, *citus*, got. *haitan*, ahd. *heiʒan* 'befehlen'. Weiterbildung in ai. *ceṣṭati*, 'regt sich, treibt'. — Ai. *ríṣant-* : *ríṣant-* 'Schädiger' zu *ríṣyati*, ved. *réṣāt* usw. (Wackernagel Ai. Gr. I, 93.) — Lat. *bīnī* = lit. *dvynù* 'Zwillinge', **duī-no-* zu *duei-* in ai. *dvedhá* 'zweifach, in zwei Teile', ir. *dē-*, cymr. *dwy-* in Komp. s. Brugmann Grdr. 2², 2, 11. — κλῑτύc 'Abhang, Hügel', κλῖτοc 'Hügel', κλί-νη, κλῖμαξ 'Leiter', lat. *clino* [griech. κλίνω wohl aus *κλίνιω] zu **k̑lei-* 'lehnen' in κέκλιται, κλίτοc 'Hügel', ahd. *(h)leinan* usw. — Lat. *vīrus* 'Schleim, Gift', griech. ἰόc, ir. *fī* 'Gift' gegen ai. *viṣám* 'Gift', *viṣá-* 'giftig', aw. *viša-* 'Gift', zu ai. *veṣati* 'zerfließt', nhd. *verwesen*, ahd. *wesanēn*, aw. *vaēšah-* 'Moder, Verwesung'. — Gr. λῑπαρήc 'anhaltend', λῑπαρεῖν 'ausharren' gegen λιπαρόc 'fett, gesalbt', λίποc 'Öl', ai. *lepaḥ* 'Salbe', *limpáti* 'beschmiert' usw. — *íjate* : *éjati* 'rührt sich, bewegt sich'. Das Germanische, in dem ja idg. *ī* und *ei* zusammenfielen, läßt uns hier im Stich.

155. Diese Auslese mag für unseren Zweck genügen; wer in Perssons Beiträgen nachsucht, wird noch manchen hier verwertbaren Fall finden. Allein für diese Fälle überall in weitgehendstem Maße 'Wurzelvariation' anzunehmen, dazu kann ich mich — mindestens in dem großen Maßstabe, wie es Persson tut — nicht entschließen und hoffe, den Ablaut *ū* : *eu*, *ī* : *ei* in den größeren Zusammenhang der zugehörigen Ablauts-erscheinungen richtig eingereiht zu haben.

IX. Abschnitt: ə in zweisilbigen, schweren „Basen".

156. Noch erübrigt es, auf Schwa secundum auch bei
schweren Basen hinzuweisen, da die zweisilbigen schweren
Basen ja meistens in erster Silbe *e* enthalten (z. B. *petā*- in
griech. πέταμαι : πτῆναι). Wenn unsere Lehre richtig ist, so
muß auch dieses *e* in dem Typus *petā*- einer doppelten Schwächung unterworfen sein, wie in all den bisher erwähnten Fällen.
Für unseren Zweck ist es dabei nur von sekundärem Interesse,
ob in solchen Wortstücken auf die *e* in der ersten Silbe eine
Länge in der zweiten folgt; auch hier sieht man wieder, wie
der Begriff 'Basis' nur eine unvollkommene, wissenschaftliche
Hilfskonstruktion ist, die man, wie ich hoffe, bei konsequenter
Einführung von Schwa secundum immer weniger nötig haben
dürfte. Denn in Wahrheit konnte in indogermanischer Zeit
jede Silbe eines Wortes — und nur von Wörtern, nicht von
Stämmen oder Wortstücken sollte die Rede sein — unter dem
Einfluß der Betonung verändert werden, keineswegs nur die
erste (d. i. 'Wurzel') oder die beiden ersten Silben (d. i. 'Basis'):
man muß also theoretisch von den ganzen Wörtern, den 'Ur-
wörtern' ausgehen, was nun freilich die Praxis in vielen, ja
in den meisten Fällen nicht möglich macht. Jedenfalls darf
man nie vergessen, daß 'Basen' nur ganz willkürlich abgetrennte
Wortstücke sind, die vor den 'Wurzeln' bei der Erforschung
des Ablauts nur deswegen den Vorzug verdienen, weil sie
mehr Silben der alten Worte berücksichtigen. Daß aber scharf
gesehen stets nur ganze umfangreichere Wörter den Ab-
lautswirkungen ausgesetzt waren, ist ganz sicher, da das Indogermanische damals, als die Ablautsgesetze eintraten, keineswegs eine wurzel- oder stammisolierende Sprache war.

157. Fälle, wie wir sie hier brauchen, sind oft behandelt;
ich begnüge mich, auf HIRT Ablaut 67 zu verweisen. Es heißt
z. B. griech. θάνατος, aber θνητός; κάματος, aber κμητός; *κά-
ρασνον 〉 κάρηνον, aber κρή-δεμνον; βάραθρον, aber βι-βρώ-σκω;
βρωτήρ; χαράσσω, aber ahd. *grāt* 'Gräte, Spitze'; ταράσσω, ταραχή,
aber θράσσω 'beunruhige'; σφάραγος, σφαραγέομαι, aber lit.
sprókstu, sprókti 'platzen'; κάλαθος, aber κλώθω; gall. *tri-garanus*,
aber griech. γέρανος; χάλαζα, aber dor. κέχλᾱδα; τάλαντον,

ἐτάλασσα : τλητός; μαλακός, μαλάσσω, aber ai. *mlănah* 'welk', βληχρός; ἐδάμασσα, ἀδάματος usw., aber δμητός; ἀμαλός, aber μῶλυς;
παλάσσω, aber lett. *plāzis* 'Morast', Persson Beitr. 237.

158. Wir haben also in solchen Formen die beiden idg.
Murmelvokale nebeneinander: ein idg. Wortstück *melā̆ˣ-* 'mahlen,
zerreiben' wird zu 1. *məlv-* = griech. μαλα- oder zu

$$2.\ mlā-\ =\ \text{griech. μλα-, βλᾱ- in βληχρός.}$$

Die näheren Bedingungen sind schwer zu ermitteln, wie auch
in den anderen Fällen (s. u. Kapitel X). Mit Hirt Abl. 67,
Kretscmer AfdA. 26, 268, Brugmann Kvgl. Gr. 142 glaube ich,
daß ə unter dem sekundären Akzent geblieben ist, sonst aber
ausfiel: die Formen sind fast alle im Griechischen betont; mit
Unrecht sucht Persson Beitr. 632 auf ein paar scheinbare Ausnahmen wie ταραχή, ταλαός, μαλακός, ταναός Wert zu legen, deren
Akzentuation sich leicht auf dem Wege der Analogie verstehen
läßt, und die jedenfalls stark in der Minderzahl sind: neben ταραχή
begegnet doch ταράσσω, neben μαλακός μαλάσσω, neben ταλαός
τάλαντον, τάλαρος, ἐτάλασσα. Dagegen ist in ταναός, ir. *tana*
'dünn', lat. *tenuis* usw. gar keine zweisilbige, schwere Basis anzusetzen; für Persson ist dieser Fall also nicht zu gebrauchen: wir
haben ein idg. Wort *tenus*, *tənu̯í* 'dünn'; auf diesem Femininum
tənu̯í beruht τανυ-, ταναϝός (aus *τανεϝός?), ahd. *dunni*, aksl.
tьnъkъ, air. *tana* usw. gegen cymr. *teneu*, bret. *tenao*, lit. *tenvas*:
die Ablautstufe des Maskulinums und Femininums scheint sich
in diesem Worte nach beiden Seiten analogisch übertragen zu
haben; es gehört zu lat. *tendo*, ai. *tandate* 'spannt' und kann
also nicht auf eine zweisilbige Basis zurückgeführt werden.
Ob daher ταναϝός mit ir. *tana* hinsichtlich des Ausgangs *-au̯ós*
auf einer Stufe steht, ist mir durchaus fraglich; zur Not könnte
dieses zweite *a* auch idg. ə vertreten.

Wie dem auch sei, wir können jedenfalls Perssons Zweifel
in diesem Punkte nicht für begründet ansehen. In der Hauptsache ist aber auch Persson einverstanden; er sagt a. a. O. mit
Recht: "Indessen ist, wie mir scheint, im Griechischen aus
ₑ*re* (? soll wohl ₑ*rə* sein, d. i. unser ərv) usw. unter allen Umständen αρα usw. zu erwarten: αρα ist einfach ₑ*rə* in griechische
Laute übertragen".

159. Auch im Lateinischen findet sich solches ərv fortgesetzt; wir müssen *ara* erwarten und bedenken, daß das zweite *a*
meist synkopiert werden konnte (s. Hirt Ablaut 68, § 171); einer

der sichersten Belege ist *palma, palmus* = griech. παλάμη gegen
air. *lām*, cymr. *llaw* 'Hand'. Ferner dürfte *salvus*, osk. cαλαϝc,
hierhergehören. Auch in *marceo, marcidus (*merāk-)* und ähnlichen Formen liegt diese Stufe vor; bei *alacer* dagegen, wo
das zweite *a* erhalten wäre, bin ich sehr im Zweifel (s. WALDE
Wb.² 22). Weiteres bei BRUGMANN Grdr. 1² 421 ff., SCHULZE KZ.
27, 606. Das Keltische hat in ir. *tarathar* 'Bohrer' gegen griech.
τερηδών 'Bohrwurm' ein gutes Beispiel, also geht auch lat. *tarmes*
'Holzwurm' auf *tara-*, idg. **tərv-* zurück. Ferner ist gall. *trigaranus*, cymr. *garan* gegen griech. γέρανος, ahd. *kranih, kranuh* zu
erwähnen. Mit griech. κάλαμος, καλάμη stimmt acymr. *calamennou*,
glossiert 'culmus', ncymr. *calaf*, corn. *cala* 'Stroh', mbr. *colouenn*,
nbret. *coloenn* 'Halm'; an Entlehnung von *calamus* (WALDE Wb.²
208) glaube ich nicht, s. auch LOTH Rev. Celt. 18, 90, PEDERSEN
Vgl. Gr. I, 121. Dazu gehört trotz WALDES Zweifel wohl ai. *śalā-
kah, śală-kā* 'Halm' (nach FICK Wb. II⁴ 73). Endlich vgl. cymr.
araf 'ruhig', griech. ἀράμεναι · ἡcυχάζειν, aw. *airima-*. Im Germanischen und Baltisch-Slavischen ist, wie bekannt, *v* in dieser Stellung geschwunden.

160. Wir kommen zum Arischen. Eine idg. Heischeform
ərv muß nach unseren Untersuchungen über *ər* im Sanskrit urind.
als **iri* erscheinen; dieses **iri*, oder wohl schon urind. *irv-*, ist
zu *īr* (bzw. im Wortinlaut in unmittelbarer Nachbarschaft eines
Labialen zu *ūr*) geworden; man kann dabei im Zweifel sein, ob die
Dehnung als 'Ersatz' für das ausgefallene Schwa eintrat oder wegen
der folgenden Konsonanz; denn bekanntlich tritt *īr ūr* nur vor
Konsonanten auf und steht im Wechsel mit *ir, ur* vor Vokal.
Weil auch im Awesta Schwa ausfiel, aber ohne Dehnung, ist
wohl die letztere der beiden Möglichkeiten vorzuziehen[1]). Ich
halte KRETSCHMERS Ansicht KZ. 31, 402 in dieser Frage für recht
wahrscheinlich, der mit Recht betont, die Annahme, daß ai. *īr, ūr*,
aw. *ar* dem griech. αρα, kelt. *ara* in derselben Weise entspreche,
wie *ir ur*, aw. *ar* dem griech. αρ, kelt. *ar*, sei nicht nur mor-
phologisch gerechtfertigt, sondern auch phonetisch nicht unwahrscheinlich. Somit stehe ich dem Ansatz von idg. *r̄, l̄* recht
zweifelnd gegenüber[2]): es brauchen die Verhältnisse bei Basen
mit *i, u* keineswegs denen mit *r l* genau zu entsprechen. Es
scheint vielmehr einerseits *ī, ū*, andrerseits *ərv, əlv, əmv, ənv* voreinzelsprachlich angesetzt werden zu müssen. Die Stufen *rā, lā*,

---

[1]) Doch vgl. die Dehnung im Litauischen.
[2]) Das ai. *r̄* ist jedenfalls recht jungen Ursprungs.

mā sind die Formen mit Schwund des *e* der ungeschwächten Basis; unmittelbar vor dem Hauptton trat vollständiger Schwund des *e* ein: aus **k̑emā͇xtós* entstand κμητός, indem das *e* völlig ausfiel, wenn dagegen sekundär der Ton auf die Stufe **k̑əmā͇x*-fiel, entstand **k̑ə́mv̯*-. Ebenso in den anderen Fällen. Ich halte es daher nicht für richtig, mit HIRT Abl. 64 zu fragen, wie *rā*, *lā* usw. sich aus *ərv̯*, *əlv̯* entwickelt hätten; HIRT trägt denn auch a. a. O. eine ganz unwahrscheinliche Hypothese vor (*ār* aus *arə̣* sei durch Metathesis zu *rā* geworden). Wir stellen vielmehr fest, daß die Ablautsgebilde *əxv̯* und *xā* (wo *x*-beliebiger Konsonant darstelle) keineswegs auf éin er Stufe stehen; s. den folgenden Überblick:

urindog. **exā-* geschwächt zu:

Aa *éxv̯*-　　　　Ba *xā̱* ⌐

Dann eine zweite Schwächung:

Ab *əxv̯*-, woraus ⎫
　　　　　　　　⎬ Bb *xv̯*-.
Ac *xv̯*-　　　　 ⎭

161. Indessen das sind stark hypothetische und komplizierte Dinge, auf die wir allmählich geraten sind, und es ist höchste Zeit, hier abzubrechen: die Frage, ob man neben *ərv̯* usw. auch *r̄̇* usw. ansetzen soll, die Frage, wie sich im Griechischen ρω, λω zu ρα, λα verhalten usw.: — das alles sind Probleme, die wieder eine Untersuchung für sich erfordern; uns ist es keineswegs hier darum zu tun, ein 'System' zu entwickeln oder weiter auszubauen, sondern wir wollen lediglich einen zweiten selbständigen idg. Murmelvokal neben Schwa indogermanicum nachweisen. Auch in sog. zweisilbigen, schweren Basen begegnet *ə* demnach unter bestimmten Umständen und ist auch hier im Litauischen als *i*, im Slavischen als *ъ*, im Germanischen als *u* und sonst als *a* vertreten. Diese Fesstellung muß uns für unsere Aufgabe genügen.

X. Abschnitt: Andeutungen über die Verteilung von Reduktions- und Schwundstufe.

162. Unsere Untersuchung hat die schon von OSTHOFF, HIRT u. a. vorgetragene Lehre bestätigt, daß man auch bei den sog. 'a-Vokalen' zwei Schwächungsgrade zu unterscheiden hat: eine Reduktions- und Schwundstufe. HIRT Ablaut S. 164 ff.,

Handbuch d. gr. Laut- u. Forml.² S. 122 ff. hat auch den schwierigen Versuch gewagt, nähere Bedingungen für das Auftreten
von Reduktions- und Schwundstufe in diesem Falle zu erschließen. Sog. schwere und leichte Basen sind jedenfalls getrennt zu behandeln, da keineswegs die Vorbedingungen bei
beiden Gruppen gleich sind. Das ist nun freilich kein leichtes
Unterfangen, und ich möchte es gleich von vornherein für aussichtslos halten, genaue Regeln im einzelnen aufzustellen, weil hier
nach meiner Überzeugung auch satzphonetische Momente
eine sehr große Rolle gespielt haben. Überhaupt wird im Satzzusammenhang der Ablaut und seine Vokalschwächungen viel
häufiger entstanden sein, als man sich eben im allgemeinen vorzustellen scheint: nicht nur der Wortakzent, sondern in vielen
Fällen hat auch der Satzakzent, der bei seinem beständigen
Wechseln je nach dem Inhalt des Satzes und den verschiedenen
psychischen Voraussetzungen des Sprechenden sich so gut wie
jeder Untersuchung für die alte Zeit entzieht, seine Wirkung auf
den idg. Vokalismus geübt. Und gerade in dem uns interessie-
renden Sonderfalle, dem Wechsel zwischen Reduktions- und
Schwundstufe bei leichten Reihen, dürfte der Satzakzent sogar
noch eine größere Rolle gespielt haben als der Wortakzent. Man
sehe sich nur in lebenden Sprachen, z. B. in deutschen Mund-
arten, um, wo es interessante Parallelen gibt, die uns jedenfalls das Natürliche und Urwüchsige solcher Vokalschwächungen
erweisen[1]). Die Anrede 'Sie' z. B. wird im Satzzusammenhang
allgemein geschwächt, neben der Reduktion *Se* (*sə*) (*wissen Sə*)
findet sich die Schwundstufe (*wissen S'*); hat aber *Sie* den
Satzton, dann findet sich die Normalstufe, wenn diese auch
je nach dem Dialekte von der schriftsprachlichen Form abweichen wird. Reduktions- und Schwundstufe kommen nebeneinander im Dialekt fortwährend vor, neben dem schwundstufigen 's (pfälz. *dō háśts* 'da hast du es') begegnet z. B. häufig
auch *əs* (*dō háśtəs*): Wer will da scharfe Gesetze aufstellen?
Wie verteilen sich *gərád* und *grád* 'gerade', *gənúg : gnúg, edl̥*
und *edəl* 'edel', *Friedrich* und *Friedərich* im Hochdeutschen
der Gebildeten? So wechseln mhd. *vliesen* mit *verliesen* 'verlieren', *vloren : verloren, zallen : ze allen* usw. Diese Formen

---

[1]) Auch H. SCHRÖDER hat in seinen Ablautstudien schon darauf
hingewiesen, daß im Satze, nicht nur im Einzelwort, der Ablaut gewirkt hat.

sind ganz von der psychischen Eigenheit des Sprechenden abhängig; in der Erregung wird mehr die schwundstufige Form,
bei gemessener und deutlicherer Aussprache mehr die Reduktion
gebraucht werden: man könnte also Reduktionen und schwundstufige Formen in gewissem Sinne einander als Lento- und
Allegroformen gegenüberstellen.

163. Die näheren Bedingungen für das Auftreten von
Reduktions- und Schwundstufe sind in keinem Falle lebhafter
erörtert worden, als bei dem Auftreten von $\bar{\imath}$ und $\bar{u}$ in der
'leichten' $\check{e}$-Reihe. Osthoff MU. IV, 282 hatte gelehrt, idg. aus
$e\underset{.}{\imath}$ $e\underset{.}{u}$ entstandene $\bar{\imath}$-, $\bar{u}$-Vokale seien als Längen geblieben, wenn
der sie enthaltenden Silbe der Nebenton gewahrt blieb, sie seien
aber zu i, u verkürzt worden, wenn durch irgend welche Umstände, die die Stellung im Satze, der Vortritt eines Kompo-
sitionsgliedes, die Präfigierung oder Suffigierung einer Wort-
bildungssilbe u. dgl. mit sich brachte, der Nebenton der Silbe
zur Tonlosigkeit herabsank.

Dagegen haben Kretschmer KZ. 31, 338 ff. und Bechtel
Hptprbl. 148 ff. geltend gemacht, die von Osthoff angenommenen satzphonetischen Bedingungen könnten nicht durch irgend
welchen tatsächlichen Nachweis glaubhaft gemacht werden. Man
wünscht also genau zu wissen, in welcher Satzstellung Reduktion oder Schwundstufe am Platze seien, andernfalls glaubt
man die Hypothese nicht: "Sowohl eine derartige Betonung
wie ihr angeblicher Einfluß auf die Vokalabstufung beruhen
auf Annahmen, für die ich eine tatsächliche Grundlage nicht
aufzufinden vermag" (Kretschmer a. a. O. 338 f.). Es ist klar,
daß auch Hirt nur dieser Ansicht Kretschmers und Bechtels
folgte, wenn er jetzt lehrt, daß ∂i, ∂u bei sekundärer Betonung
zu $\bar{\imath}$, $\bar{u}$ geworden seien. (Gr. d. Laut- u. Forml.[2] S. 117, § 120.)

164. Indessen ist nach nur einigem Hinblicken auf die
Verhältnisse in der lebenden, gesprochenen Rede leicht deutlich
zu machen, daß es selbst da sehr schwierig ist, das Schwanken
in enge Regeln zu schnüren. Ein solcher Nachweis für die
uridg. Sprachperiode in der Zeit vor dem Wirken der o-Ab-
tönung liegt m. A. von vornherein außer dem Bereich der
Möglichkeit: wir sehen eben bloß noch die Tatsache selbst, daß
$\bar{\imath}$ und $\bar{u}$ auch in leichten Reihen auftreten. Daß diese $\bar{\imath}$ und $\bar{u}$
oft den Ton tragen, zeigt nur, daß die Schwundstufe im Gegen-
satze zur Reduktion bei vollständiger Unbetontheit eintrat.

Bemerkt soll werden, daß auch in anderen Fällen ə bewahrt zu sein scheint, wenn es sekundär den Ton erhielt. Denn mit dieser Beobachtung, daß ī und ū sich häufig in den historischen Worten unter dem Akzent findet, stimmen vorzüglich zwei andere Gruppen, in denen gleichfalls der das Schwa secundum fortsetzende Vokal den Akzent trägt: einmal die oben behandelten Fälle wie griech. θάνατος, cφάραγος, die auf idg. *śrv̥, *śn̥v̥ usw. hindeuten (§ 158), und zweitens griech. ἄρ neben enklitischem ρα, lit. *ir̃ (§ 97). Somit stützen sich diese drei Gruppen trefflich, und ich glaube daraufhin als eine, und wohl die wichtigste Bedingung für das Auftreten von Schwa secundum die Voraussetzung angeben zu dürfen, daß es sich einstellte, wenn ein sekundärer Akzent die Silbe traf und so einen völligen Ausfall des geschwächten Sonanten verhinderte.

Doch es ist so gut wie sicher, daß auch noch in vielen anderen Fällen nach Maßgabe des Satzakzents Reduktions- und Tiefstufe wechseln konnten.

165. Es empfiehlt sich also, in der Streitfrage zwischen OSTHOFF einer- und KRETSCHMER, BECHTEL andererseits, das gemeinsame, richtige Resultat hervorzuheben: das ist die Tatsache, daß sowohl ī als i, ū als u Schwächungen von uridg. *ei, eu* anzusehen sind, und daß ī, ū Zwischenstufen zwischen dem normalstufigen *ei, eu* und dem schwundstufigen *i, u* sein müssen. "*ū* liegt zwischen *eu* und *u*", stellt BECHTEL Hptprbl. 149 fest; also ist aus idg. *ei, eu* 'in der 1. Periode' (KRETSCHMER KZ. 31, 339) der Schwächung ī, ū entstanden, die aus *əi, əu* hervorgegangen sein müssen; in absoluter Unbetontheit ging dann in den meisten Fällen die Schwächung weiter und führte zu den Kürzen *i, u*. Auch manche der Fälle, bei denen eine sekundäre Akzentverschiebung, ein Nebenton u. dgl. die Übergangsstufe ī, ū erhalten hatte, mag dann in Komposition weitere, sekundäre oder besser tertiäre Schwächung zu *i* und *u* erfahren haben. Auf nähere Fragen, wann die Akzentverschiebung, der Nebenton, der sekundäre Akzent eingetreten sei, vermögen wir keine Antwort zu geben; doch zeigt die Beobachtung verwandter und ähnlicher Erscheinungen in der lebenden Volkssprache jedenfalls die allgemeine Richtigkeit des Prinzips.

166. Auch sonst hat sich HIRT IF. 7, 147 ff., Ablaut 164 ff., Handb. d. gr. Laut- u. Formenl.² 122 ff. bemüht, genauere Grenzen zwischen Reduktions- und Schwundstufe zu ziehen. Im

allgemeinen ist es aber überall sehr schwer, Einzelheiten zu ermitteln. Nur auf einen Punkt will ich hinweisen. In recht vielen
Fällen scheint Schwundstufe unmittelbar nach und — bei konsonantischem Silbenanlaut — auch unmittelbar vor dem Haupttton
des Worts eingetreten zu sein: einerseits heißt es ai. *mitájñu-*,
griech. πρόχνυ : γόνυ; ai. *á-gru-* : *gurú-*; *saptá-gu-* : *go-*, *harí-
dru-* : griech. δόρυ; *ghṛtá-snu-* : **sanu-*; griech. πολύ-τλας : τάλας;
πέρ-υτι : Fέτος; δόμος : μεσό-δμη; ἀλέξω : ἄλξις; ὕστρος : ὑστέρα;
πάτρα 'Vaterland' : πατερ-, φράτρα, μήτρα : φρατερ-, μητερ-; ἄνθρ
ωπος : ἀνθερ- in ἀνθερεών (s. Verf. Sitzungsber. d. Heidelb. Akad.
d. Wissensch. 1915, 10. Abhandlung[1]); ἀλλότριος : Suffix *ter-*;
ὑπόδρα(κ) : δέρκομαι; γί-γν-ομαι : γένος, τίπτε aus τίποτε (Brugmann-Thumb Gr. Gr.⁴ § 623) usw., andererseits beachte man
λείπω : λιπεῖν; στείχω : στιχεῖν; δέρκομαι : δρακεῖν; πεύσομαι :
πυθέσθαι; φεύγειν : φυγεῖν; χέω : χυθῆναι; ζεύγνυμι : ζυγῆναι;
εἶμι : ἰτός; γλεῦκος : γλυκύς; βένθος : βαθύς; ai. *nr-asthi-* 'Menschenknochen' : *nar-* 'Mann'; *go-ghná-* 'Kuhtöter' : *han-*, *jñu-
bắdh-* 'die Kniee bewegend', griech. γνύ-πετος 'in die Kniee

---

[1] Bei meiner Besprechung anderer Deutungsversuche a. a. O. habe
ich Thurneysens Verknüpfung von griech. ἄνθρωπος mit ἄνθραξ 'Kohle,
Karfunkel, Rubin', kelt. *and* 'anzünden' (Pedersen Vgl. Gr. d. kelt. Spr. II
457), got. *tandjan* 'anzünden' (IFA. 33, 32) übersehen — freilich kein besonderer Schaden! —. Diese Deutung 'der mit leuchtendem Gesicht' für
ἄνθρωπος kann doch kaum ernst gemeint sein; da müßte man schon als
Normalgestalt des 'homo sapiens' den Typus Sir John Falstaffs oder den
jenes speckglänzenden, karfunkelnasigen Abts annehmen, von dem
Bürger singt:

    Wie Vollmond *glänzte* sein feistes Gesicht,
    Drei Männer umspannten den Schmerbauch ihm nicht! —

Auch zu Hommels phantastischer Annahme, ἄνθωρπος sei hethitisch, brauche ich weiter nichts zu bemerken. — Zur Stütze meiner
eigenen Etymologie gestatte man mir, hier noch zwei Nachträge anzufügen: Herr Dr. Luckenbach macht mich auf Schopenhauer V, S. 189
(Parerga und Paralipomena) aufmerksam: "Sogar als äußerliches Symptom
der überhandnehmenden Roheit erblickt ihr den konstanten Begleiter
derselben — den langen Bart, dieses Geschlechtsabzeichen mitten im
Gesicht, welches besagt, daß man die Maskulinität, die man mit den
Tieren gemeinsam hat, der Humanität vorzieht, indem man vor allem
ein Mann, *mas*, und erst nächst dem ein Mensch sein will". — Eine
treffliche Parallele in semasiologischer Beziehung verdanke ich ferner
der Güte von Herrn Professor Leskien: rumän. *bărbat* 'Mann' aus lat.
barbātus zeigt genau dieselbe Bedeutungsentwicklung, die meiner Ansicht
nach auch ἄνθρωπος durchgemacht hat.

sinkend', und vor allem in Verbalformen wie ai. *imáḥ* 'wir
gehen', idg. *imés* aus **eimés* usw. Jedenfalls finden wir also
in vielen Fällen, daß idg. *e* unmittelbar vor und unmittelbar
nach dem Hauptakzent im Indogermanischen ausgefallen ist.
Dies führe ich nur deswegen an, weil an der nämlichen Stelle
in einer späteren Epoche der idg. Sprachentwicklung bei ver-
änderter (nämlich musikalischer) Betonungsart ein *e* zu *o* ab-
getönt wurde, wie ich IF. 37, 1 ff. gezeigt zu haben hoffe: also
scheint sowohl bei exspiratorischer als musikalischer Intonation
die Silbe unmittelbar vor und nach dem Haupton besonders
scharfen Akzentwirkungen ausgesetzt gewesen zu sein.

167. Für andere Stellungen aber, also in mehrsilbigen
Wörtern, sehe ich nur unüberwindliche Schwierigkeiten, wenn
man daran gehen will, Reduktion und Schwundstufe durch scharfe
Gesetze von einander zu trennen. Man muß annehmen, daß *ə*
die Aussprache von schwer sprechbaren, lautgesetzlich entstandenen Konsonantengruppen erleichtern mußte, wie im Fall
πίτνημι. Es ist auch mit doppelten Schwächungen zu rechnen;
denn zu Unrecht bestreitet HIRT Abl. 11 und 116 das Gesetz,
daß bei weiterer Akzentverschiebung idg. *ʋ* ausfiel, s. BARTHO-
LOMAE IF. 7, 107: was für *ʋ* gilt, wird sehr wahrscheinlich auch
für *ə* Geltung haben. Es kommt weiter darauf an, ob *ə* im
absoluten An- und Auslaut steht oder im Wortinnern: im Wortanfang, insbesondere zu Anfang eines Satzes herrschte offenbar
Reduktion; dagegen scheint die häufigste Stellung schwund-
stufiger Vokale diejenige zwischen Konsonanten gewesen zu
sein. Dazu kommen dann alle möglichen satzphonetischen Ge-
sichtspunkte, der Unterschied von Allegro- und Lentoformen: —
genug, ich bezweifle vor der Hand die Möglichkeit, strengere
Gesetze in diesem Falle aufzustellen; man braucht nur etwa das
Schwanken von *i* und *iy̆*, *u* und *uv̆* im Ṛgveda zu untersuchen
(s. OLDENBERG Ṛgv. 1, 14, OSTHOFF Perf. 440, WACKERNAGEL Ai.
Gr. I 197 ff., 204, BARTHOLOMAE WZKM. 22, 337), um zu sehen,
wie schon in diesem ältesten idg. Denkmal regelloser Wechsel
zwischen Reduktion und Schwundstufe herrscht. Auch vgl.
man den Wechsel zwischen -*i̯i̯es*- und -*i̯i̯es*- bei den primären
Komparativen und dazu Verf. IF. 27, 29 ff.

Über das sog. SIEVERS'sche Gesetz scheint mir gleichfalls
noch nicht das letzte Wort gesprochen (s. o. § 130), aber eine
Erörterung dieser Regel gehört gleichfalls nicht unmittelbar zu

unserer Aufgabe; auch hat Sommer Krit. Erl. 186 sich vor-
behalten, mit den ablautenden *io*-Stämmen nächstens 'ein sehr
ernstes Wörtchen' reden zu wollen.

Rückblick und Ergebnisse.

169. Nach einem beschwerlichen und mühevollen Wege
liebt es wohl der Wanderer, noch einmal vom erreichten Ziel
aus einen Blick auf den zurückgelegten Pfad zu werfen. So
wollen auch wir, schon der Übersicht zuliebe, unsere Ergebnisse in Form von zwölf Leitsätzen zusammenstellen. An
anderer Stelle (IF. 37, 1 ff.) habe ich mich bemüht, das schwierige Problem der *o*-Abtönung etwas zu fördern; es kam mir
in dieser Arbeit vor allem darauf an, zwei Grundgedanken zu
erweisen: einmal versuchte ich zu zeigen, daß die Ablauts-
erscheinungen nicht zusammen in ein und derselben Periode
entstanden sein können, sondern daß wir mindestens zwei große
Epochen mit verschiedener Betonungsart auseinander halten
müssen: auch das 'Ablautsystem' ist ein Ergebnis jüngerer
Verallgemeinerungen. Zweitens aber glaubte ich behaupten zu
dürfen, daß die *o*-Abtönung mit der alt-indogermanischen Betonung zusammenhängt. Indem ich den Leser auf diese Arbeit
verweise, möge es mir erlaubt sein, hier bei unserem Rückblick
das Resultat auch dieses Aufsatzes über die *o*-Abtönung mit-
zuberücksichtigen und mit den Ergebnissen dieses Buches in
Form von zwölf Leitsätzen zu verbinden: sollte sich die Richtigkeit unserer Ansichten nur einigermaßen bestätigen, dann
wäre mit dem folgenden Überblick ein gut Kapitel aus der Ent-
stehungsgeschichte des Ablauts in den indogermanischen Sprachen — von der 'Dehnstufe' abgesehen — skizziert; bei jedem
Leitsatz verweisen wir auf die betreffenden Ausführungen in
diesem Buch oder in dem erwähnten Aufsatz.

1.

170. Als Ausgangspunkt und Grundlage für die Entstehung
derjenigen Vokalverhältnisse, die man 'Ablaut' zu nennen pflegt,
ist eine Epoche der vollausgebildeten, an Formen überreichen
idg. Ursprache vorauszusetzen, die ein reiches System von Vokalen besaß; insbesondere sind auch für diese älteste Zeit *i*-

und *u*-Vokale anzunehmen, sowie Längen zu allen kurzen Vokalen und Diphthongen. Auch sei ausdrücklich hervorgehoben, daß es viel mehr alt-idg. *ŏ*-Vokale gab, als man eben im allgemeinen anzunehmen pflegt. Die Scheidung in 'Vollstufen- und Schwundstufenvokale' und die Aufstellung von 'Vokalreihen' kann für die idg. Ursprache nicht streng durchgeführt werden, sondern ist nur geeignet, den natürlichen Verhältnissen durch gewaltsames Schematisieren Gewalt anzutun. Ein wirkliches Ablaut'system' hat sich erst in manchen Einzelsprachen deswegen herausgebildet, weil man die auf ganz natürlichem, lautmechanischen Wege entstandenen Vokalverhältnisse nachträglich zu formalen Zwecken nutzbar gemacht hat: Der Ablaut wurde somit ein Mittel der Formenbildung, wie z. B. im germanischen Verbum, und dann natürlich schematisiert (s. IF. 37, § 18 ff.).

2.

171. Diesen ganz üblichen Vokalismus der idg. Grundsprache haben die Betonungsverhältnisse zerstört und stark verändert; und zwar sind mindestens zwei Hauptepochen, die zeitlich weit auseinanderlagen, zu unterscheiden. Der Akzent wirkte natürlich stets auf das **ganze** Wort, nicht nur auf die ersten Silben; daher ist das Aufstellen von 'Basen' nur ein Notbehelf und sollte möglichst durch Ansatz ganzer 'Urwörter' ersetzt werden, da sonst nur die anlautenden Silben, nicht aber das Wortende und die Silben nach dem Hauptakzent berücksichtigt werden (IF. 37, § 17, § 50, § 72 und o. § 156).

3.

172. Zuerst nahm eine stark exspiratorische Betonung überhand, und der auf die betonte Silbe eines Wortes so stark verwendete Hauptdruck bewirkte eine Schwächung der anderen unbetonten Vokale: diese fielen teils aus, teils wurden sie zu undeutlich artikulierten Murmelvokalen (oder Flüstervokalen) verkürzt.

4.

173. Von solchen Murmelvokalen sind historisch noch zwei nachzuweisen, die demnach bis zur Trennung der idg. Sprachen von einander geschieden waren: neben dem S c h w a p r i m u m (*ѵ*), der Reduktion langer Vokale, ist der idg. Grundsprache ein S c h w a s e c u n d u m (*ə*) zuzuerkennen, das aus der Schwächung kurzer *a-, e-, o*-Vokale entstanden ist.

5.

174. Je nachdem der Vokal in solch unbetonten Silben zum Murmelvokal reduziert oder ganz ausgefallen war, lassen sich zwei Schwächungsgrade unterscheiden: die Reduktions- und die Schwundstufe. Diese beiden Stufen der Schwächung (also der Tiefstufe) finden sich nicht nur bei Silben mit langem, sondern genau so auch bei solchen mit kurzem Vokal. Somit ergibt sich folgendes Bild (vgl. o. § 64):

A. Normalstufe : uridg. $\bar{a}\ \bar{e}\ \bar{o}$
   Reduktion : idg. $ə$ }
   Schwundstufe : idg. — } Tiefstufe.

B. Normalstufe : uridg. $\bar{a}i\ \bar{e}i\ \bar{o}i$
   Reduktion : idg. $əi$ (zu $\bar{\imath}$ weiterentwickelt).
   Schwundstufe : idg. i

C. Normalstufe : uridg. $\bar{a}u\ \bar{e}u\ \bar{o}u$
   Reduktion : idg. $əu$ (zu $\bar{u}$ entwickelt).
   Schwundstufe : idg. $u.$

D. Normalstufe : uridg. $a\ e\ o$
   Reduktion : idg. $ə$
   Schwundstufe : idg. —

E. Normalstufe : uridg. $ai\ ei\ oi$
   Reduktion : idg. $əi$ (zu $\bar{\imath}$ entwickelt).
   Schwundstufe : idg. i

F. Normalstufe : uridg. $au\ eu\ ou$
   Reduktion : idg. $əu$ (zu $\bar{u}$ entwickelt).
   Schwundstufe : idg. u

G. Normalstufe : uridg. $ar\ er\ or$
   Reduktion : idg. $ər$
   Schwundstufe : idg. $r̥$

H. Normalstufe : uridg. $al\ el\ ol$
   Reduktion : idg. $əl$
   Schwundstufe : idg. $l̥$

Das nämliche auch bei den Nasalen.

Auch wenn in der nächsten Silbe eine Länge folgt ('zwei-silbige, schwere Basen'), findet sich dieses $ə$: jede der unbetonten Silben eines Wortes, nicht nur eine einzige wurde bei dieser Betonungsart in Mitleidenschaft gezogen (o. § 156 ff.).

6.

175. Es ist ein Irrtum gewesen, wenn man den Nasalen und Liquiden eine besondersartige Behandlung vor allen anderen Konsonanten hat zusprechen wollen (o. § 134). Der Beweis dafür liegt darin, daß derselbe überkurze, reduzierte Vokal, der bei Nasal und Liquida erscheint, auch in jeder anderen Stellung, auch bei jedem anderen Konsonanten auftritt. Daher sind die Ansätze *ṛr*, *ḷl*, *ṃm*, *ṇn* oder *ṛ^r*, *ḷ^l*, *ṃ^m*, *ṇ^n* als unrichtig aufzugeben und durch *ər*, *əl*, *əm*, *ən*, *re*, *lə*, *mə*, *nə* zu ersetzen, wobei dieses *ə* nicht etwa ein nicht weiter bestimmbarer Vokalvorschlag, sondern das auch sonst in jeder Stellung begegnende Schwa secundum ist. *ṛr*, *ḷl* usw. sind, wenn sie überhaupt vorkamen, besten Falls nur Übergangsformen gewesen (o. § 131) und auf ursprünglichere *ər*, *əl* usw. ebenso zurückzuführen, wie *ii̯*, *uu̯* auf *əi̯*, *əu̯* beruhen (s. Satz 8a). Das *ə* ist also keineswegs nur ein 'Stellungslaut', der lediglich bei Nasalen und Liquiden erscheint, sondern ein ganz selbständiger idg. Vokal. Die Lautgruppen in einer Gleichung wie lat. *varus* = lit. *viras* sind also Laut für Laut aneinander gleichzusetzen, man darf nicht lat. *ar*, lit. *ir* als besondere Einheit zusammenfassen (idg. *u̯əros*) : ja die Silbentrennung erfordert wohl geradezu Trennung: *u̯ə-ros*.

7.

176. a) Die spontane lautgesetzliche Vertretung von idg. Schwa secundum (*ə*) ist folgende:

idg. *ə* = ai.	*a* (o. § 132).
= iran.	*a* (ebenda).
= arm.	*a* (o. § 118 f.).
= alb.	*a* (o. § 120).
= griech.	α (o. § 67 und § 104).
= ital.	*a* (o. § 71 ff.).
= kelt.	*a* (o. § 85).
= germ.	*u* (o. § 110 f.).
= lit.	*i* (o. § 115).
= slav.	*ь* (o. § 116).

b) Dagegen sind *ṛ ḷ* im Keltischen nur durch *ri*, *li* (o. § 89), im Griechischen nur durch ρα, λα (o. § 99) und im Germanischen nur durch *ur*, *ul* (o. § 107) vertreten.

8.

177. Für den kombinatorischen Wandel des ə sind folgende Gesetze wichtig:

a) Vor $i̯$, $u̯$ + Vokal wurde ə schon idg. zu i, u, also idg. əi̯, əu̯ + Vokal ergaben $i̯i̯$, $u̯u̯$ (o. § 130), umgekehrt ergaben uridg. i + ə > $ī$ (s. Nachträge).

b) Bekamen əi̯, əu̯ + Kons. sekundär wieder den Ton, so wandelten sich diese ə́i̯, ə́u̯ + Konsonant zu $ĭ$ $ŭ$ (o. § 148 und § 164).

c) Bei Nachbarschaft von Labialen und Labiovelaren (vereinzelt auch bei Gutturalen? o. § 139) nahm ə schon ursprachlich die u-Färbung an und erscheint daher einzelsprachlich als u (o. § 135 ff.).

d) Im Sanskrit wurde ə vor $r̥$, das mit r wechselt, zu i wegen der i-Färbung dieses Vokals $(r̥^i)$; vor $r̥$ mit u-Timbre dagegen $(r̥^u)$ wird es zu u: also ər̥^{i} > ir, ər̥^{u} > ur (o. § 127).

e) ə wandelte sich auf dem Wege der Fernassimilation im Griechischen zu i, wenn es von einfacher Konsonanz umgeben war und in der unmittelbar benachbarten Silbe $ĭ$, $i̯$ oder $ŭ$, $u̯$ stand (o. § 38).

f) ə wandelte sich im Griechischen zu u (υ), wenn es zwischen Nasal oder Liquida einerseits und Labial, Labiovelar und Reinvelar andererseits stand, und wenn in der nächsten Silbe i, $i̯$ folgte (o. § 49).

9.

178. a) Die Schwundstufe pflegte meist einzutreten:

1. unmittelbar vor und nach dem Hauptton vor Konsonanz, insbesondere bei vorausgehender Kürze (o. § 166),

2. bei Komposition oder sekundärer Akzentverschiebung als zweite Schwächung einer früheren Reduktionsstufe (*dərtós : *dr̥tos) (o. § 167).

3. Nach satzphonetischen Gesichtspunkten, als sog. Allegroform.

b) Schwa secundum dagegen scheint meist zu begegnen:

1. wenn die reduzierte Silbe sekundär den Hauptakzent erhielt (o. § 164),

2. zwei oder mehr Silben vom Hauptton entfernt,

3. unmittelbar vor dem Ton, falls eine Länge vorausgeht, insbesondere in offener Silbe,

4. nach satzphonetischen Gesichtspunkten, als sog. Lentoform;

5. falls durch lautgesetzliches Eintreten der Schwundstufe infolge Vokalausfalls eine zu umfangreiche, schwer sprechbare Gruppe von Konsonanten entstanden wäre, scheint man durch Einführung von Schwa secundum die Aussprache sich erleichtert zu haben (z. B. idg. *pǝtnǎmi* für *ptnǎmi*, griech. πίτνημι, osk. patensíns usw.),

6. im absoluten Wort- und Satzanlaut (o. § 167).

Im übrigen muß auch hier betont werden, daß eine bis ins einzelne gehende Verteilung der beiden Schwächungsgrade sich nicht mehr mit unseren Mitteln erreichen läßt, und daß der fortwährende Akzentwechsel innerhalb eines Paradigmas oder einer sonstigen geschlossenen Gruppe zu Ausgleichungen zahlreichste Veranlassung gab (o. § 162 ff.).

10.

179. Als der quantitative Ablaut sich herausgebildet hatte, wechselte geraume Zeit später die Betonungsart in einer Periode der idg. Sprache, die nicht allzu lange vor der Völkertrennung zu denken ist, und es bildete sich eine überwiegend musikalische (chromatische) Intonation heraus. Auch diese Betonungsart übte ihre Wirkung auf den Vokalismus, indem unbetonte Vokale tiefer und dumpfer artikuliert wurden. Und wieder waren es die Silben unmittelbar vor und nach dem Hauptakzent, die am meisten verändert wurden (IF. 37, § 72).

11.

180. Die Abtönung regelte sich in folgender Weise: Wurde in dieser Epoche der idg. musikalischen Intonation von einem ungeschwächten, haupttonigen *é* und *é* der gestoßene Akzent um eine Silbe vorwärts nach dem Wortende oder rückwärts nach dem Wortanfang zu verlegt, so wandelten sich diese hellen Vokale infolge dieser durch Akzentverschiebung um éine Silbe bewirkten größten Tieftonigkeit in die dumpfen Vokale *o* und *ō* (IF. 37, § 71).

12.

181. Außerdem wandelte sich zur Zeit der musikalischen

Intonation ein hochstufiges *e* vor folgendem *m* im absoluten
Auslaut und in der Stellung nach dem Wortakzent infolge
der labialen Färbung dieses Nasals zu *o* (IF. 37, § 95).

Die so und nach Leitsatz Nr. 11 entstandenen *ŏ* fielen völlig
mit den alt-idg., ererbten *ŏ* zusammen, so daß auch analogische Neuerungen nicht ausbleiben konnten.

---

182. Wenn zum Schlusse noch etwas zugunsten dieser
unserer Ergebnisse gesagt werden darf, so ist es zunächst ihre
Einfachheit: denn mit der Einführung von Schwa secundum
als selbständigem Laut in die Reihe der idg. Vokale ist eine
große Einheitlichkeit und Vereinfachung eingetreten, insbesondere hören die Liquiden und Nasale auf, vor allen anderen
Lauten eine besonders umständliche Rolle zu spielen, und fügen
sich nunmehr ganz ein in die Reihe der übrigen Laute.

Dann aber läßt sich nicht nur das Abtönungsgesetz an
ganz ähnlichen Wandlungen aus neuen Sprachepochen stützen
(wie z. B. bei großruss. Plur. *zvézdy* 'Sterne', aber Sing. *zvozdá*,
Plur. *v'édra* 'Eimer', aber Sing. *v'odró*, s. IF. 37, § 9), sondern auch
die Lehre von zwei unterschiedlichen, selbständigen Murmel-
oder Flüstervokalen hat an den slavischen *ъ* und *ь* eine gute
Begründung. Auch sonst sind zwei von einander geschiedene,
reduzierte Vokale nichts Außergewöhnliches: O'GROWNEY nimmt
in seinen 'Simple Lessons in Irish' S. 9 usw. zwei Schwa-Laute
für das Neuirische an ("The symbols *ă* and *ĕ* will be used to
denote this obscure vowel-sound. The use of two symbols for
the obscure vowel-sound will be found to have advantages",
S. 10). Auch im Neuenglischen hat man zwei Schwa-Laute zu
trennen, s. SCHRÖER Neuengl. Elementargr. S. 28 f., wo *ə* und *ə̄*
geschieden werden. Man erinnere sich auch an die Murmelvokale der semitischen Sprachen (z. B. hebr. *Schwā mobile* und
Ḥāṭēph-Vokale): es fehlt also keineswegs an der phonetischen
Begründung oder an Parallelen aus lebenden Sprachen, wenn
man auch der idg. Ursprache zwei selbständige Schwa-Laute
zuerkennt.

183. Dafür aber, daß rein lautmechanisch entstandene
Vokalverhältnisse nachträglich zu einem formalen Bildungs-
mittel ausgenutzt werden, wie das in manchen idg. Sprachen

mit dem 'Ablaut' geschehen ist, läßt sich die 'Vokalharmonie' des Türkischen (Osmanischen) (vgl. PEDERSEN ZDMG. 57, 540), des Ungarischen und der verwandten Sprachen anführen: hier ist die Vorliebe für vokalische Fernassimilation schließlich ein so wesentliches, die ganze Formenbildung beherrschendes Prinzip geworden, daß man es als das zur Charakterisierung solcher Sprachen bedeutsamste Kennzeichen herausgehoben hat und von einem 'unterordnenden Sprachtypus' redet.

———

Nachträge und Berichtigungen.

S. 24, § 37, Nr. 15: Mit πίcυρες weiß Wackernagel IF.
25, 330 nichts anzufangen: ein Beweis, daß man nicht allein
mit der Annahme einzeldialektischer Assimilationen bei diesen
Fällen durchkommt, wenn auch manchmal unklar bleibt, ob der
Wandel schon in vorgriechischen oder erst in einzeldialektischen
Verhältnissen begründet ist: auch die jungen attischen Assimilationen beruhen aber auf einem sehr ähnlichen Prinzip.

S. 26, § 37: Als 28. Beispiel füge man lakon. κιττός =
καλός an (s. Boisacq Dict. ét. 4): für ἀγαθός und seine Verwandten gehe ich vom Stamme idg. *$ghădh$- 'passend sein' aus:
ἀκαθός, bei Hes. noch bezeugt, aus idg. *sm-$ghadh$- 'zusammen
passend' (vgl. ags. $ʒeador$ 'zusammen', engl. *to-gether*) entstanden,
wurde unter dem Einfluß der Komposita mit ἀγα-, wie ἀγα-
κλεής usw., zu ἀγαθός; *$ghādh$-, in got. $gōþs$ usw., aber auch
in griech. lakon. χαῖος und in χάcιος · ἀγαθός, χρηςτός Hes., ist
Dehnstufe zu *$ghadh$- in ἀγαθός, ags. $gadrian$, slav. *god- 'passend sein' (s. Berneker Sl. et. Wb.316 ff.). Zu *$ghadh$- gab es
die Schwächung *$ghəd$-, die wir in κιττός aus *$ghədhi̯o$- vor uns
haben. — 29. sei noch πίcυγγος 'Schuster' aus *$pədsu$- (vgl.
πέccυμπτον · cκυτεῖον Hes.) und als 30. Beispiel θίc 'sandiges
Ufer' nachgetragen, das zweifellos auf *$dhənu$- beruht und mit
ai. *dhánvan*- n. 'trockenes Land, Düne' trotz Persson Beitr. I 43 f.
zu verbinden ist.

S. 33 Nr. 24: in γυναικ- scheint idg. -$ă$-$i̯q$- fortgesetzt mit
einem Suffix, wie etwa in Αἴθικες : αἰθός, Φοίνικες : φοινός,
s. im übrigen Brugmann IF. 22, 171 ff.

S. 33, § 48. Als 30. Beleg füge man ἀμαρύccω 'funkle'
aus *ἀμαρέκι̯ω hinzu (s. Boisacq Dict. ét. 50 f.); auch ἀναςταλύζω
'schluchze' aus *-cταλέκι̯ω läßt sich nennen, da es zu cταλάccω
gehören dürfte, sowie πινυτός : νηπύτιος.

S. 36, § 53. Ähnlich wie über κύκλος dürfte über πρυμνός
zu urteilen sein: ρυ aus $rə$ ist zwischen Labialen eingeschlossen.

S. 40. Zur u-Dissimilation vgl. φυλίκη : φιλύκη oder die
Sippe von βίβλος : βυβλίον usw.

S. 46. Der russ. Infinitiv lautet dem Abtönungsgesetz entsprechend regelrecht *topítъ, nosítъ*.

S. 72, § 100. Daß ρα, λα idg. *ŗ, ļ* fortsetzen, folgt auch aus Formen wie πράcov : lat. *porrum,* ɣράcωv, ἄcιc, δαcύc, in denen das c nur wegen *ŗ, ṇ* erhalten blieb (s. W. Schulze Sitz.-Ber. d. preuß. Ak. d. Wiss. 1910, 793): in **prəsom* hätte es fallen müssen.

S. 73, A. 3, Z. 4 v. u.: lies 'vielleicht' statt 'altes' *s-*.

S. 75 Fußn.: Hoffentlich belehren die zahlreichen Beispiele von Reimwörtern, die ich bis jetzt gesammelt habe, Meillet, der noch Bull. de la Soc. ling. 61, p. CCXIII seine Zweifel über die Richtigkeit des Prinzips äußerte, eines besseren. Fortwährend finden sich neue Belege ein: Soeben behandelt Bartholomae PBB. 41, 284 arm. *hur* 'Feuer': *jur* 'Wasser'. Ich reihe noch folgende Fälle hier an: griech. ɣραῖκεc : ɣυναῖκεc, die Hesychglossen ɣύπη : κύπη 'Höhle', δίεμαι : Fίεμαι, cτίβοc : τρίβοc 'Pfad', die beiden slavischen Schicksalsgöttinnen *Rojenice* und *Sōjenice,* aisl. *Drumba : Kumba* (Edda, Rþ. 13, 1). Im alten Volksbuch vom Faust wird Wagner als Hausgenosse des Zauberers geschildert, der 'mit ihm *schlemmete* und *demmete*'. Mit dem oben genannten Falle von *Regnitz : Pegnitz* vgl. man die Flußnamen *Ob : Sob, Loswa : Soswa.* Besonders lehrreich sind die Namen der Gebirge ungar. *Tátra, Mátra, Fátra* (s. zuletzt darüber Melich Finn.-ugr. Forsch. 12, 171 ff.). Die *Tátra* wird noch nicht 150 Jahre so genannt; sie hieß früher *Turtur,* das aus dem Altslovakischen entlehnt sein soll (Melich a. a. O.), später *Késmárk, Beszkédi hegyek.* Alt ist nur *Mátra,* dazu wurde das Reimwort *Tátra* geprägt; erst seit dem 18. Jahrh. läßt sich endlich *Fátra* belegen, das letzter Linie unser nhd. *Vater* zu sein scheint: jedenfalls läßt sich in diesem Fall das Prinzip der Reimwortbildung trefflich veranschaulichen. Schließlich mag hier noch an die neckischen, schalkhaft tändelnden Reimspiele Mozarts erinnert sein, an denen er in seinen Briefen seinen kindlichen Spaß zu haben pflegte.

S. 82, § 110, Z. 8 v. u. lies ῥαπίc statt ῥάπιc, ebda. Fußn. 2, Z. 4 v. u. ahd. *miluh*.

S. 86, Z. 9 v. u. lies lit. *knìpti* statt *knìbti*.

S. 90, § 119. Man denke daran, wie im Russischen *dés'atъ* '10' im Kompositum verkürzt wird: vgl. *odínnadcatъ* '11', *dvĕnádcatъ* '12', *dvádcatъ* '20', *trídcatъ* '30' usw.

S. 91, § 119. Trage noch arm. Plur. *alik̀* 'Wellen, weißes Haar' nach, das auf idg. **pəliio-* beruht, also mit seinem *a* dasselbe idg. *ə* fortsetzt wie lat. *palleo, pallor* (s. o. § 56, Nr. 24).

S. 93, § 122. Daß ich an ANDREAS' Schreibungen awest. Worte nicht glaube, habe ich schon Reimwortb. S. 8 ausgesprochen.

S. 96, § 127. Vgl. dazu noch BARTHOLOMAE WZKM. 22, 338.

S. 97, § 128: BRUGMANNS Ansicht über ai. *-riré* (Grdr. 2², 3, 661) kann ich nicht billigen.

Zu S. 98 (§ 131; vgl. § 177a): *i* + *ə* wurden idg. zu *ī* kontrahiert, wie das ai. Desiderativ *írtsati* zu *ardh-, r̥dh-* 'fördern' beweist, vgl. neuestens BRUGMANN Εἰρήνη (Ber. d. V. d. sächs. Ges. d. Wiss. 68. Band, 1916, Heft 3) S. 16 f. IF. 30, 111 f. habe ich ausgeführt, der Ansatz **i-v̥rtsati* für dieses Desiderativ sei unhaltbar, weil hier kein *v* zu erwarten sei, und diese Ansicht halte ich auch jetzt noch für durchaus richtig. [Mit CHARPENTIER, Arch. d'Études Orient. 6, 16 zu rechten, halte ich so lange für völlig aussichtslos, als sich dieser Gelehrte bei sprachwissenschaftlichen Arbeiten "mit einem Kompromiß zwischen indischer und modern-sprachwissenschaftlicher Denkart aushelfen" muß (a. a. O. 13) und eine Deutung verwirft, "obwohl von den Lautgesetzen gefordert" (a. a. O. 74), (vgl. Verf. DLZ. 1914, Nr. 29, Sp. 1825 ff.): bei solchen 'methodischen' Grundsätzen lehne ich es ab, auf eine Diskussion einzugehen]. Vom Standpunkt unserer Lehre vom Schwa secundum aber möchte ich jetzt *írtsati* aus **i-ərtsa-* herleiten, und ich ziehe diese mir jetzt mögliche Erklärung dem Deutungsversuch mit Annahme analogischer Umbildung vor. Man beachte aber den Unterschied dieser Auffassung von der J. SCHMIDTS Kritik 22 ff., für den *ə* nur Stellungslaut vor *r* war. Auch εἰρήνη, ἰράνα geht also auf **i + ər-* (nicht *i* + *v̥r-*) zurück, und selbst in Formen, wie ai. *íkṣate, prátīkam,* griech. ἐνίπτω, Aor. ἠνίπαπον, ὀπῑπεύω, παρθενοπῖπα dürfte angesichts des Stammes idg. *oqᵘ-* (in lat. *oculus,* griech. ὄϲϲε usw.) das lange *ī* aus idg. *i* + *ə* entstanden sein; in πρόϲωπον, ὄπωπα (Verf. IF. 30, 110) liegt also wahrscheinlich Dehnstufe vor.

Zu S. 98: Man erinnere sich auch an ai. Gen. Dual. *pitróh,* das nach dem Metrum dreisilbig zu sprechen ist, d. h. also *pitəroh,* vgl. OLDENBURG RV. 1, 14 und soeben BARTHOLOMAE Sitz.-Ber. d. Heidelberger Ak. d. Wiss. 1916, 5, S. 26.

S. 104, § 141. Aus Versehen sind einige Beispiele für lat. *ur* = idg. *əᵘr* ausgefallen, die ich hier nachtrage:

a) bei Labialen: *liber* aus **luber*, idg. **ləb-, ləp-*, vgl. lit. *lubà* 'Brett', (wo *u* ebenfalls = *ə*!), russ. *lubъ* 'Bast', lit. *lúbas* 'Baumrinde', griech. λέπω, λέποc usw. — *turpis* aus **tərp-* zu *torpeo*. — *murcus* 'verstümmelt' aus **mərqos* zu *marceo*. — *fulica*, wohl aus **bhəl-* zu griech. φαληρίc, ahd. *pelihha*.

b) bei *u̯* : *urbs* aus **u̯ərbhis*, s. WALDE Wb.² 859. — *urgeo* aus **u̯ərg-* (WALDE Wb.² 859 f.). — *urruncum* aus **u̯ərs-* zu *verrūca*. — *urtīca* wohl aus **u̯ərt-* zu *verto* (SCHRADER Reallex. 580, WALDE Wb.² 861). — *amb-urvāre, urvus*, osk. *uruvú* 'Grenze' aus **u̯əru̯o-* zu griech. ὄρος 'Grenzfurche' (W. SCHULZE Eigenn. 549 A. 1). — *curvus* aus **qəru̯o-* : griech. κορωνόc. — *furvus* aus **dhəru̯ós* zu ags. *deorc* 'dunkel', mir. *derg* 'rot', lit. *dargùs* 'schmutzig'. — *surdus* aus **su̯ardos* zu *sordeo*.

c) Lat. *furnus*, zu *fornus* aus **gᵘhərn-* zu *formus*, ai. *ghṛnóti* 'leuchtet', halte ich nicht für eine dialektische, sondern eine lautgesetzliche Form : die wohlfeile Annahme, alles 'Unregelmäßige' in lat. Wörtern beruhe auf dialektischem Einfluß, sollte doch — wenn der betr. Dialekt nicht genau ermittelt werden kann — nur im äußersten Notfalle und als Verlegenheitsauskunft vorgebracht werden.

d) Interessant ist ein Fall wie *furfur* zu lit. *gurus* 'bröckelig', *gurti* 'bröckeln', weil trotz idg. *gh* (vgl. griech. χέραδος) auch im Baltischen *u*-Färbung vorliegt. Auch dürfte *furca* auf **ĝhər-* (zu lit. *žìrklės* 'Scheere') beruhen und erst einzelsprachlich nach der Entwicklung von *ĝh-* zu lat. *f-* das *u*-Timbre empfangen haben, eine Folgerung, die für die Lautchronologie wichtig werden könnte.

e) Es ist mir die Vermutung gekommen, daß auch vor *-rs- ə* im Latein *u*-Farbe angenommen haben könne; dafür scheinen mir *curro* aus **qərsō* (doch vgl. o. S. 62): griech. ἐπίκουρος, *scurra* aus **sqərsā* : ahd. *scern* 'scurrilitas', *scerōn* 'mutwillig sein', *turdus* aus **tərzdos* und *ursus* aus **ər(c)sos* zu sprechen. Vielleicht kann ich an anderem Ort auf dieses Problem zurückkommen, bei dem man sich mit ERNOUT Les élém. dialect. du vocab. lat. S. 61 f. und PERSSON IF. 26, 60 ff. auseinandersetzen muß.

S. 105, § 142. Vgl. noch lit. *ùpė*, lett. *upe* 'Wasser' : apreuß. *ape* 'Fluß', *apus* 'Quelle', griech. ὀπόc usw.

Wörterverzeichnis.

Indogermanische Sprachen.

I. Arisch.
(ar. = indoiranisch).

1. Indisch.
a) Altindisch (ai.).

ágru- 111. 122.
agrú- 111.
áti- 59.
ámba 10 f.
aritár- 14.
arítra- 14.
ávocam 41.
áśvaḥ 21. 25.
aṣṭá 46.
asinvá- 9.
ásṛk 48. 90.
áskṛdhoyuḥ 103.
asthi- 59.
ahnāya 77.
ātíḥ 85.
ápaḥ 6.
āpnóti 6.
Índra- 6.
íbhaḥ 6.
imáḥ 123.
irasyáti 9.
irasyá- 6.
íriṇa- 6.
íryaḥ 9.
íkṣate 6 und Nachtr.
íjate 114.
ípsati 5 f.
írtsati Nachtr.
īrmáḥ 9.
írṣyati 9.
íhate 6.
úttaraḥ 25.

úd 113.
udán 25.
udán(i) 11.
úpa 25.
upadṛ́k 70.
urvárā 40.
ululíḥ 40.
-uhati 110.
ūrdhvá- 27.
ūhati 110.
éjati 114.
-oha- 110.
ṛ́kvā 70.
ṛ́kṣaḥ 70. 73. 95.
ṛ́jyati 30. 70.
ṛñjáti 30.
ṛṇóti 70.
ṛ́śyaḥ 70.
ṛṣabháḥ 73.
ṛ́ṣiḥ 70.
ṛṣṭí- 95.
kañcī- 23.
kañcuka- 23.
kádru- 111.
kadrú- 111.
kapi- 44.
karóti 94. 105.
karkáḥ 26.
kaláśaḥ 32.
kalmaṣa- 9.
kirmiráḥ 9.
kīrtíḥ 9.
kúbera- 107.
kulija- 107.
kúpaḥ 112.
kṛtá- 95.
kṛ́miḥ 75 A. 95. 103.
késaraḥ 48.

kókaḥ 39.
kokilá- 39.
kravíḥ 7.
kravyam 7.
kriyáte 94.
kriyāma 94.
kriyāsma 94.
kṣúbhyate 110.
kṣóbhate 110.
khalīnam 8.
gádhyaḥ 8.
gabháḥ 60.
gábhastiḥ 8. 60.
girí- 97. 99.
gúggulu- 111.
guggulú- 111.
gurúḥ 86. 99. 122.
guháti 110.
gūhati 110.
gṛbhṇáti 70.
goghná- 122.
gopuram 34.
goha- 110.
grasati 13.
grāsaḥ 13.
gha 45.
ghas- 28.
ghṛ́ṇiḥ 70.
ghṛtásnu- 122.
cakṛmá (Perf.) 96.
cakrám 36.
cakriyāḥ 94.
cakriré (Perf.) 96 f.
cátat 52 A.
cattá- 52 A.
catvāraḥ 35.
catvāla- 52 A.
cand- 44. 56.

candráḥ 44. 56. 61.
74. 92.
camū́- 111.
cárkarti 9.
cinvánti 98.
ceṣṭati 114.
játu- 111.
jatū́- 111.
járati 9.
járgurāṇa- 102.
járbhurat 101.
járbhurāṇa- 101.
jalūkā 102.
jalgulīti 102.
jináti 17.
jívriḥ 17.
jihmá- 16.
jūtá- 6 f.
jīyate 6.
jū́rṇáḥ 9.
juhū́- 111 f.
jñubādh- 122.
jyā- 6 f.
tata- 11.
tanū́- 111.
tandate 116.
támaḥ 9. 15. 18.
tamasáḥ 15.
tamisram 18.
támisrā 15. 18.
tamráḥ 9.
tárati 9.
tarkúḥ 72.
táruṇaḥ 56.
taváḥ 7. 18.
taviṣáḥ 7.
táviṣī 7. 18.
timitaḥ 15.
timiráḥ 9. 15.
tiya- 97.
tīrthám 9.
tuvám 97.
Superl. tuvíṣṭamaḥ 7. 18.
túviṣmān 7. 18.
tū 114.
tŕ̥ṇam 70. 81.
tŕ̥pyati 70.
tr̥ṣitáḥ 63.

tr̥ṣú- 85.
tŕ̥ṣṇā 70. 95.
tŕ̥ṣyati 70.
tyá- 97.
tvám 97.
dátram 14.
dabhnóti 91.
dardurá- 101.
dardru- 102.
daśasyáti 45.
dā- 14.
dítiḥ 14.
dīrgháḥ 9.
duhitár- 8.
dū́ṣa- 110.
dūṣáyati 110.
dūṣyate 110.
dŕ̥tiḥ 70.
dŕ̥pyati 70.
dŕ̥ṣṭiḥ 70.
doṣa- 110.
dvīpá- 6.
dvedhā́ 114.
dhánvan- Nachtr.
dhámati 105 A.
dhavitum 7.
dhā- 7.
dhūnóti 7.
dhŕ̥ṣṭiḥ 70.
dhŕ̥ṣṇuvánti 98.
dhriyate 94.
dhánu- 111.
dhanū́- 111.
nákti- 32.
nanā́ 11.
nar- 122.
nā́satya- 44.
níd- 10.
nidā́, nídā 9 f.
níndati 9 f.
nindā́ 9 f.
nu 114.
nū́ 114.
nūnám 114.
nrasthi- 122.
padáḥ (Gen. Sing.) 19.
palitáḥ 27. 104.
pavitum 7.

pū́ṣya- 63.
pitár- 81.
pitróḥ (Gen. Dual.)
Nachtr.
pipŕ̥máḥ 72.
pīḍáyati 88.
pīná- 6 f.
pū́taú 112.
punáti 7
pū́yati 113.
purú- 40.
pr̥ccháti 62.
pŕ̥thúḥ 72. 95.
pŕ̥dakú- 111.
pŕ̥dāku- 111.
pŕ̥śniḥ 72.
pŕ̥ṣṭhá- 95.
pyā- 6 f.
pratīkam Nachtr.
babhrū́- 112.
bibhyuḥ 98.
bhájati 13 f.
bháranti (NAPl. ntr.) 11.
bharjjáyati 33.
bhas- 28.
bhiyāná- Part. 98.
bhunákti 110.
bhū́- 98.
bhŕ̥jjáti 33.
bhŕ̥tí- 65. 85.
bhŕ̥miḥ 70.
bhŕ̥ṣṭhíḥ 56. 62. 106.
bhriyante 94.
bhrū́- 98.
maṅkúḥ 58.
mádhu- 111.
mánaḥ 18.
mányate 99. 107.
manyā 18.
marate 62.
marmara- 101.
málam 104.
máhi 53.
mā- 7.
mitá- 7.
mitájñu- 122.
minóti 31.
mindā́ 9 f. 16.

muñcáti 110.
múniḥ 107.
murmura- 101.
muṣkā 111.
muṣṭi- 111.
múḥ 111.
mṛgá- 95.
mṛjáti 82 A.
mṛtá- 95.
mṛdúḥ 70. 72. 104.
mṛṇáti 70.
mṛṣā 70.
médas- 44.
médhas- 44.
mriyáte 62. 94f.
mlānaḥ 116.
yákṛt 74.
yupyati 111.
yūpa- 111.
yopana- 111.
riṣant- 114.
ríṣyati 114.
ríṣant- 114.
rugnáḥ 109.
rujáti 109.
reka- 26.
réṣāt 114.
róciḥ 18.
laghúḥ 66.
limpáti 114.
lepaḥ 114.
vadhū- 111.
vádhriḥ 23.
vartakaḥ 34.
vártikā 34.
varṣá- 66.
válgā 35.
valmīkaḥ 33.
vāstu- 45.
vidhávā 82.
viṣám 114.
vṛkaḥ 35f. 81. 95.
vṛkṣáḥ 35.
veṣati 114.
śaknóti 16.
śamati 16.
śamitár- 16.
śámī 16.

śambuḥ 10. 16.
śamyati 9.
śalākaḥ 117.
śalākā 117.
śastrám 50.
śā- 16.
śikváḥ 16.
śíkvāḥ 16.
śima- 16.
śimī 16.
śimīvant- 16.
śimbaḥ 10. 16.
śimyati 9.
śíraḥ 9.
śīrṣám 9.
śúci- 34.
śṛ́ṅgam 62. 81.
śṛ́ṇáti 56.
śócate 34.
śyenā- 24.
śrutáḥ 113.
śváśura- 111.
śvaśrū- 111.
sákthi 24.
sad- 18.
sádaḥ 18.
saddhi- 13.
sādhnoti 13f.
sánati 14.
sanóti 14.
saptágu- 122.
samáḥ 16.
samānākṣara-Vokale 94.
śamnīte 74.
sahasríya- 23.
sātáḥ 14.
sātíḥ 14.
sádhati 13f.
sāmi- 16.
siddhá- 14.
siddhi- 13.
sídhyati 13f.
sínam 14.
simáḥ 16.
siṣakti 64.
sídati 17.
sunóti 31. 110.
sūkaráḥ 111.

sūnúḥ 113.
sūpa- 110.
stimitaḥ 15.
stupá- 111.
stūpa- 111.
stṛṇóti 70.
strí- 6. 98.
sthā + ā 14.
sthitáḥ 13. 81.
sthítiḥ 13. 81.
spárdhate 33.
sphuráti 104.
svídyati 114.
svéda- 114.
svédate 114.
ha 45.
haṁsá- 8.
han- 122.
harídru- 122.
hitá- 7.
híraḥ 99.
hirā 99.
hṛ́d- 95.

b) Pali.

itthī 6.
lukkha 35.

2. Iranisch.

a) Awestisch (aw.).

airima- 117.
asču- 59.
āzi- 6.
-āžu- 6.
izyeiti 6.
īžā 6.
urvarū- 40.
kaofa- 112.
kaxᵛarəba- 56.
gaoz- 110.
garəd- 53.
gairi- 99.
xᵛaēba- 114.
čaxrare (Perf.) 97.
tava 114.
tū 114.
dvaēpa- 6.

pasu- 29.
puyeiti 113.
bažaiti 13.
manaoθrī- 18.
manah- 18.
masō 13.
masyă 13.
minu- 18.
vaēšah- 114.
vəhrka- 35.
viδavā 82.
viša- 114.
ravah- 113.
skandayeinti 56.
spas- 91.
srūtō 113.
zdī 21 f. 27.
had- 17.
hadiš 18.
hăma- 16.
hiδaiti 17 f.
hukərəpta 55.
hunaoiti 110.
hū- 111.
hūkəhrpa- 111.

b) Altpersisch (ap.).

aparsam 62.
kaufa- 112.
-maniš 18.
Haxāmaniš 18.
hadiš 18.

c) Neuiranisch.

α) Neupersisch (np.).

arm 9.
dil 95.
-gird 95.
gurg 95.
kirm 95.
kōh 112.
mīrad 95.
murd 95.
murγ 95.
mušk 111.
pul 95.
pušt 95.

šubān 29.
tiš 95.
vardī/ 34.
vartī/ 34.
xirs 95.
xišt 95.

β) Balutschisch (bal.).
brijag 33.

γ) Pamirdialekte.
spundr 26 A.

II. Altarmenisch.
(arm.).

alik̄ Nachtr.
and 61. 66.
anun, G. *anvan* 35.
astt 90.
asr 90.
asu- 90.
-at- (Nom.-Suff.) 91.
arbi 103.
ariun 90.
beran 105.
gazanakur 102.
gavak 60. 91.
garun 91.
gorc 90.
daku(r) 75 A.
ekul 104.
t̄akn 90 f.
lapel 54.
kapiun 91.
kokord 75 A.
kop̄ 91.
kut̄ 111.
kur 102.
krman 95.
krpak 95.
hur Nachtr.
jukn 24.
mec 52.
met 72.
metk 72.
meřanim 66.
mŕmŕam 101.
mŕmŕmim 101.

nor 90.
šert 30.
šil 28.
ot̄ork 90.
oskr 59.
-ot- (Nom.-Suff.) 91.
čor 90.
jur Nachtr.
sakur 75 A.
sin 24.
sosord 75 A.
spas 91.
spasavor 91.
spasel 91.
Vrkan 95.
tasn 88. 90.
k̄ami 44.
k̄arasun.

III. Altgriechisch.
(griech.).

ἀγαθός Nachtr.
ἀγάννιφος 114.
ἄγαρρις 70.
ἀγείρω 32. 102. 106.
ἀγορά 102.
ἀγορητύς 111.
ἄγυρις 32. 102. 106.
ἀγύρτης 102. 106.
ἄγχω 58. 75.
ἄγω 41.
ἀδάματος 116.
ἄθρις 23.
αἰγίλιψ 27.
αἴθικες Nachtr.
ἀκεστύς 111.
ἀκοντιστύς 111.
ἀκρόδρυα 25.
ἀλαωτύς 112.
ἄλειαρ 73.
ἄλειφαρ 73.
ἀλέξω 122.
ἀλίνδω 27.
ἄλκαρ 73.
ἀλλότριος 122.
ἄλειξ 70. 122.
ἀλφός 34.

ἀμαλός 116.
ἀμαρύccω Nachtr.
ἀμβλακίcκω 72.
ἀμέλγω 65. 82 A.
ἄμη 55.
ἀμίc 55.
ἀμμάc 10.
ἀμπλακίcκω 72.
ἀμφίcφαιρα 74.
ἀμφίcφυρα 74.
ἀναcταλύζω Nachtr.
ἀνεψιός 24.
ἀνήρ 6.
ἀνθερεών 122.
ἄνθραξ 122 A.
ἄνθρωποc 122 mit A.
ἀνιψιός 24.
ἀνώνυμοc 35.
ἀολλήc 72.
ἀπενάccατο 44. 76.
ἄρ 70. 73.
ἀράμεναι 117.
ἀργυράφιον 41.
ἄρκτοc 73. 78.
ἄρνυμαι 31. 70.
ἄροτρον 14.
ἅρπη 55.
ἄρρην 73.
ἄρcην 73.
ἄρcic 70.
ἀρχός 73 A.
ἄρχω 73.
ἄcic Nachtr.
ἄcμενοc 44. 76.
ἀcπαίρω 104.
ἀcτήρ 90.
ἀcτράγαλοc 59. 77.
ἀcτραλός 72.
ἄcτυ 45.
ἀταρπιτός 73.
ἀταρπός 73.
ἄτρακτοc 72.
ἀτραπιτός 73.
ἀτραπός 73.
αὖλαξ 72.
ἄφνω 77.
ἄχερδοc 72.
ἀχράc 72.

βαθύc 122.
Βάκχοc 75 A.
βαλλίον 26 A.
βανά 33 u. Nachtr.
βάραθρον 115.
βαρδῆν 71.
βάρδιcτοc 70.
βαρνάμενοc 70.
βαρύc 86. 99.
βάcic 70.
βένθοc 122.
βερρόν 33.
βίβλοc Nachtr.
βιβρώcκω 104. 115.
βιλλίc 26 A.
βίλλοc 26 A.
βαρνάμενον 71.
βλάβη 72.
βλαδαρός 72.
βλαδός 72.
βλῆρ aiol. 102.
βληχρός 116.
βοητύc 112.
βομβυλίc 40.
βραβεύc 70.
βραδύc 70 f. 104.
βράκανα 71.
βρακεῖν 70.
βρατανα el. 72.
βραχύc 70.
βρένθοc 55.
βρενθύομαι 55.
βρέχω 33.
βρίcδα lesb. 23.
βρωτήρ 115.
βρωτύc 112.
βυβλίον Nachtr.
βύρca 33.
βύρcινοc 33.
βύττοc 34.
γα 44 f. 77.
γαλῆ 99.
γε 44 f. 77.
γένοc 122.
γέρανοc 115. 117.
γέργερα 102.
γέργεροc 102.
γεύομαι 113.

γίγνομαι 122.
γλεῦκοc 122.
γλυκύc 39. 122.
γλύφιc 110.
γλύφω 110.
γνύπετοc 122.
γογγύζω 40.
γογγύλοc 40.
γόνυ 24. 122.
γόρτυξ 34.
γραῖκεc Nachtr.
γραπτύc 112.
γράcων 72 u. Nachtr.
γράφω 72.
γράω 13.
γρυπός 112.
γυμνός 34.
γυνή 33 u. Nachtr.
γύπη Hes. Nachtr.
δαιτύc 112.
δάρδα 101.
δάρκεc 71.
δαcύc Nachtr.
δέ 45.
δέδορκα 42.
δέκα 82.
δέλεαρ 73. 102.
δέρκομαι 65. 71 f. 122.
δερίαι 105.
δέρω 71.
ΔFεινίαc 37.
διαπρό 33.
διαπρύcιοc 33.
διδάcκω 45.
διδαχή 45.
δίδυμοc 40.
διθύραμβοc 75.
διπλάcιοc 82.
δίφροc 77.
δμητός 116.
δόγμα 45.
δοκέω 45.
δόκιμοc 45.
δολιχός 9.
δόμοc 122.
δόρυ 122.
δοχμός 16.
δράκων 71.

δράξ 71.
δράccoμαι 72.
δριάω 25.
δρίοc 25.
δρῦc 25.
δύναμαι 75 A.
δύcχιμοc 98.
ἔαρ 'Blut' 48. 90.
ἔαρ 'Frühling' 74. 91.
ἐγκυτί 113.
ἐδάμαccα 116.
ἐδητύc 112.
ἔδοξα 45.
ἔδδειcεν 37.
ἔδοc 18.
ἕζομαι 25. 59.
εἶδαρ 37. 73.
εἶλαρ 73.
Εἰλύθεια 40.
εἶμι 122.
εἰρήνη Nachtr.
ἔ(F)ειπον 41.
ἐFλανέωc el. 72.
ἐκτόc (zu ἔχω) 42. 44.
ἐλαχύc 61. 66.
ἐλεητύc 112.
ἐλέφαc 6.
ἕλκω 72.
ἔμβραται 71.
ἐναίρω 61.
ἔναρα 61. 66.
ἐναρίζω 61.
ἔνθα 61.
ἐννύχιοc 33.
ἐπακτόc 41.
ἐπητύc 112.
ἐπῑπή Nachtr.
'Επιρνύτιοc 25.
ἔπορον 56.
ἐπώνυμοc 35.
ἐρέπτομαι 54.
ἔρευνα 113.
ἐρευνάω 113.
ἐρέφω 33.
ἔριc 9. 38.
ἔριφοc 56.
ἔρκοc 55. 66.
ἔρνοc 25.

ἔρνυτεc 25.
ἔρcη 66.
"Ερωc 75 A.
ἑcτία 23.
ἔcτον 22.
ἔcτω 22.
ἐτάλαccα 116.
ἔτεκον 42.
ἔτι 59.
ἔτοc 122.
εὐθύc 40.
εὐρύc 40.
εὐώνυμοc 35.
ἔχαδον 44.
ἐχέτλη 59.
ἐχθεcινόc 23.
ἐχθιζινόc 23.
ἔχιc 38.
ζεύγνυμι 122.
ζέω 36.
ζυγόν 11.
ζύμη 36.
ἠίθεοc 82.
ἦμαρ 73.
ἥμι- 16.
ἧπαρ 73 f.
θαλλίc 33.
θάνατοc 115. 121.
θάρνυμαι 70.
θάρcοc 70.
θέρcοc aiol. 72.
θίc Nachtr.
θνητόc 115.
θράcοc 70.
θράccω 115.
θραcύc 70. 72.
θυγάτηρ 8.
θυλλίc 33.
"Ιακχοc 75 A.
ἴαμβοc 75 A.
ἰαμβύκη 75 A.
ἴγγια 23.
ἰγνύη 24.
ἰγνύc 24.
ἴδη 36.
ἰδίω 114.
ἶδοc 114.
ἱδρύω 25. 59. 89.

ἵζω 25. 59. 89.
ἴθριc 23.
ἰθύc 40.
ἱκάνω 114.
ἰκτῖνοc 24. 38.
ἰκτίc, ἴκτιc 24. 38.
ἵκω 114.
'Ιλείθυα 40.
ἰλύc 26.
ἰξύc 111.
ἰόc 114.
ἰπνόc 25.
ἵπποc 21. 25.
ἴcθι 21 f. 27.
ἵcτημι 31.
ἱcτίη 23.
ἴcχι 24.
ἰcχίον 24.
ἰχθύc 24. 38.
κα 77.
καγκαλέα 44.
κάγκανοc 44.
κάκαλα 23.
κάλαθοc 115.
κάλαμοc 117.
καλινδέομαι 33.
κάμαροc 86.
κάματοc 75. 115
κάμνω 74.
καμπύλοc 105.
κάνδαροc 44. 61. 74.
καπνόc 44.
κάπροc 49.
καράμβαc 75.
κάρᾱνον 9.
κάρηνον 115.
Κάρπαθοc 73.
καρπόc 32. 63.
κάρρων dor. 70.
κάρcιc 70.
κάρτα 72.
κάρταλοc 33. 103.
κάρτοc 70.
καρφίc 72.
κάρφοc 72.
κε(ν) 77.
κεάζω 50.
κέαρνον 50.

κέγκει 44.
κείρω 106.
κεράμβηλον 75.
κεράμβυξ 75.
κεράννυμι 31.
κεραός 84. 105.
κέρας 32. 75.
κεράσαι 28.
κεύθω 113.
κεφαλή 60.
κέχλαδα dor. 115.
κιγκλίς 23.
κιθαριστύς 112.
κίλλος, κιλλός 26.
κινέω 27. 114.
κίνυμαι 114.
κίρνημι 28 ff.
κιττός lak. Nachtr.
κίω 114.
κλῖμαξ 114.
κλίνη 114.
κλίνω 114.
κλῖτος κλίτος 114.
κλιτύς 114.
κλύζω 113.
κλυcμός 113.
κλώθω 115.
κμητός 115.
κνάπτω 43.
κναφεύς 43. 76. 86.
κνάφος 43. 76. 78. 86.
κνέφαλλον 43. 76. 86.
κόκκυ 39.
κόκκυξ 39.
κόλπος 95 A.
κόπανον 51.
κοπάς 51.
κόρδαξ 72.
κόρυδος 84.
κορυφή 85.
κορωνός 103.
κοτύλη 52 A.
κράδη 72.
κραδίη 72.
κράνος 71 f.
Κράπαθος 73.
κραταιός 70. 72.
κρατέω 72.

κράτος 72.
κρατύς 70. 72.
κρέας 7.
κρέκω 26.
κρεμάννυμι 28.
κρέccων ion. dor. 72.
κρέτος aiol. 72.
κρήδεμνον 115.
κριγή 26.
κρίζω 26.
κριθή 27.
κρίκε 26.
κρίμνημι 28 f.
κριός 27.
κροτώνη 103.
κρυβάζω 78.
κρύβδα 78.
κτίδεος 24.
κτίς 24.
κύανος 44.
κυβάζω 78.
κύβδα 78.
κύκλος 34. 36.
κύκνος 34.
κύκυον 39.
κυλίνδω 27. 33.
κύλιξ 32.
κυλλός 103.
κυμβόω 25.
κύπη 112 u. Nachtr.
κυπρῖνος 33.
κύρβις 32.
κυρίccω 32.
κυρcάνιος 103.
κύρτη 33.
κυρτία 33. 103.
κύρτος 33. 103.
λαγγάζω 74.
λαγγώδης 74.
λαγγών 74.
λάγνος 45.
λαγχάνω 74.
λακτίζω 55.
λάcιος 72.
λαφύccειν 54.
λαχμός 55.
λάχος 74.
λέγνος 45.

λείπω 122.
λεκάνη 58.
λέκος 58.
λέκρανα 54.
λεκροί 22 f.
λεπαῖος 54.
λέπας 54.
λεπτός 55.
λέπω 55.
λευγαλέος 109.
λέχριος 22 f.
λέχρις 22.
ληκᾶν 55.
λιγνύς 40. 111.
λίγξ 23.
λικερτίζω 26. 55 A.
λικριφίς 22 f.
λικροί 23.
λίξ 23.
λιπαρής 114.
λίπος 114.
λοξός 22.
λυγαῖος 40.
λύγδην 110.
λυγίζω 35.
λύγος 35.
λυγρός 109.
λύζω 110.
λύκος 35 f.
λύπη 55.
λύχνος 35.
μάγειρος 24.
μάγιρος 24.
μαζός 43.
μαίνομαι 99.
μαίτυρ kret. 41.
μάκαρ 73.
μαλακός 104. 107. 116.
μαλάccω 116.
μάλεος 72.
μάμμη 10.
μανῆναι 77 f.
μανθάνω 74.
μάρναμαι 70.
μάρπτω 70.
μάρτυς 41. 70.
μαcθός 43.
μαcτός 43 f.

μέγας 52f. 61. 66. 80.
μέζεα 43.
μέλας 33. 104.
μέλεος 105.
μέμονα 107.
μενθήρη 74.
μένω 67 f.
μέρος 71.
μεσόδμη 122.
μετεκίαθε 114.
μήδεα 43.
μήτρα 122.
μῆχαρ 73.
μιγάς 78.
μίγδα 78.
μινύθω 31.
μίτυλος 40.
μολύνω 33. 104.
μορμύρω 40. 101.
μύλη 34. 104. 107.
μύλλος 33.
μύλλω 32. 34.
μυράφιον 41.
μύρμηξ 33.
μυρμύρω 39. 101.
μύρον 33.
μῦς 111.
μύσχον 111.
μύτιλος 40.
μῶλυς 116.
ναίω 44. 76.
νάννα 11.
ναός dor. 44. 76.
νᾱσσα dor. 85.
ναῦος aiol. 44. 76.
νείφει 114.
νέκταρ 73.
νέομαι 44. 76.
νηδύς 111.
νηπύτιος Nachtr.
νῆσσα 85.
νιφάς 114.
νίφει 114.
νιφέμεν 114.
νόστος 76.
νύ 114.
νῦ(ν) 114.
νυκτι- 32 f. 78.

νύναμαι 75 A.
νύξ 32. 41.
νώνυμος 35.
ὄαρ 73.
ὀαριστύς 112.
ὄθρις 23.
ὀιζύς 111.
οἰνόφλυξ 34.
ὀκτώ 46.
ὀλοεῖται 55.
ὀλολυγαία 40.
ὀλός ion. 26.
ὀλοφύρομαι 40.
ὄλυρα 40.
ὄναρ 73.
ὀνοκίνδας 27.
ὀνοκίνδιος 27. 114.
ὄνομα 35.
ὄνυξ 34 f.
ὀπτέον 19.
ὄπωπα Nachtr.
ὀρέγνυμι 31.
ὀρέγω 28. 30.
ὀρθός 27.
ὀριγνάομαι 28. 30 f.
ὅρμικας 33.
ὄροφος 33.
ὄρρος 73 A.
Ὀρτυγίη 34.
ὄρτυξ 34.
ὀρχηστύς 112.
ὄσσε Nachtr.
ὀστέον 59.
ὄστρακον 59. 77.
ὀστρύς 59.
ὀτρυντύς 112.
ὀφρύς 98. 111.
παλάμη 117.
παλάσσω 116.
πανήγυρις 32.
παννύχιος 33.
παρδακός 105.
πατήρ 122.
πάτρως 98.
πεζός 42. 98.
πεῖραρ 73.
πεκτός 42.
πελάσαι 28.

πελεκκάω 37.
πέλεκυς 37.
πελιός 27. 104.
πελιτνός 27.
πελλός 27. 104.
πέος 86.
πέπλος 57.
πέπρωται 56.
πεπτός 19.
πέρδομαι 72.
πέρθω 71 f.
περκάζω 72.
περκαίνω 72.
περκνός 72.
πέρυτι 122.
πέσσω 38.
πέταλον 46.
πέταμαι 115.
πετάννυμι 31. 60.
πετάσαι 28.
πέτασσαν 46.
πέτομαι 60.
πέτταρες boiot. 24.
πεύσομαι fut. 122.
πίλναμαι 28 f.
πιλνόν 27.
πίμπλημι 31. 72.
πινυτός Nachtr.
πίσυγγος Nachtr.
πίσυρες 24. 30. 41. 43.
47. 87. 92.
πιτνέω 28 f.
πίτνημι 28 ff. 46 f. 60.
78. 129.
πιτυλεύω 25.
πιτυλίζω 25.
πίτυλος 25.
πλατύς 70. 72.
πληθύς 111.
ποδοκάκη 23.
Φοίνικες Nachtr.
πολιός 27. 104.
πολύς 40.
πολύτλας 122.
πομφόλυξ 40.
πορφύρα 40.
πορφύρεος 40.
πορφύρω 101.

πούc 44.
πρακνόν 72.
πράμοc 84.
πράcον 71 u. Nachtr.
πρεκνόν 72.
πρεcβεύω 24.
πρεcβύτηc 112 A.
πρεcβῦτιc 112 A.
πρέcβυc 112 A.
πριcγεύc boiot. 24.
προκάc 72.
πρόμοc 84.
πρόξ 72.
πρόχνυ 122.
πρυμνόc Nachtr.
πτάρνυμαι 70.
πτέρυξ 34.
Πτέρωc 75 A.
πτύρω 32.
πύη 113.
πύθω 113.
πύλαι 34.
πύλη 34.
πύννοc 112.
πύργοc 34.
ῥα 70. 73 A.
ῥάβδοc 71. 73 A.
ῥαγάc 78.
ῥάγδα 78.
ῥάδαμνοc 71. 73 A.
ῥαδινόc 73 A.
ῥάδιξ 23.
ῥάδιοc 73 A.
ῥαίνω 73 A.
ῥάκοc 73 A.
ῥάμα 73 A.
ῥαπίc 34. 73 A. 82.
ῥάπτω 71. 73 A.
ῥάπυc 73 A.
ῥατάνη 72. 73 A.
ῥαφάνη 73 A.
ῥάφυc 73 A.
ῥέγχω 35.
ῥίζα 23. 27. 71.
ῥίμφα 25.
ῥίον 27.
ῥίπτω 27.
ῥόμα 103.

ῥοφέω 33. 103.
ῥόφημα 103.
ῥύγχοc 35.
ῥυcτακτύc 112.
ῥυφαίνω 33.
ῥυφάνω 103.
ῥυφέω 33. 103.
ῥῶπεc 34. 82.
cαίρω 33. 37. 74.
cαλάμβη 75.
cαμβύκη 75 A.
cάφα 77.
cίκυc 40.
cκαίρω 27.
cκάλλω 32. 74. 107.
cκεδάννυμι 30 f. 55. 66.
cκεδάcαι 28.
cκέπαρνον 51.
cκίδναμαι 28 ff. 43. 56.
cκιμβόc 25.
cκινδαλμόc 56.
cκινθόc 27.
cκιρτάω 27.
cκόλοψ 55.
cκύζα 33.
cκύλαξ 34.
cκύλιον 33.
cκύλλω 32. 74. 107.
cκυρθάλιοc 103.
cκύρθαξ 103.
cμυρίζω 33.
cμύριc 33.
cοφόc 77.
cπάζει 33.
cπαργή 105.
cπάρτη 103.
cπάρτον 32.
cπάρτοc 103.
cπεῖρα 103.
cπείρω 71.
cπέργουλοc 105.
cπινδεῖρα 26 A.
cπινθήρ 26.
cπυρθίζω 33.
cπυρίδιον 103.
cπυρίc 32. 103.
cτάλcιc 70.
cτάρτοι 70.

cτείχω 122.
cτίζω 83.
cτλεγγίc 24.
cτλιγγίc 24.
cτρατόc 70.
cτύποc 111.
cύ 114.
cύρω 33. 37. 74.
cυφορβόc 111.
cφαδάζω 44.
cφαῖρα 33. 37. 74. 107.
cφαραγέομαι 115.
cφάραγοc 115. 121.
cφεδανόc 44.
cφενδόνη 44.
cφῦρα 33. 37. 74. 104. 107.
cφυρίc 32. 103.
cφυρόν 104.
cχίζω 56.
cχινδαλμόc 56.
τάλαντον 115 f.
ταλαόc 116.
τάλαροc 116.
τάλαc 122.
τάμνω 74.
ταναόc 116.
τανίcφυροc 39.
τανίφυλλοc 39.
τανυ- 116.
τανυcτύc 39. 112.
τάνυται 31.
τανύφυλλοc 39.
ταράccω 115 f.
ταραχή 115 f.
ταρcία 85.
ταρφειαί 72.
τάρφοc 72.
τάcιc 70.
τάτα 11.
τατύραc 72.
τέκμαρ 73.
τέμνω 74.
τεόc 114.
τερηδών 117.
τέρπω 72.
τέρcομαι 63. 65. 71.
τέρυ 56.
τερύνηc 56.

τετάρπετο 70.
τετράδων 72.
τετρακτύς 112.
τέτρατος 72.
τετράων 72.
τέτταρες 24. 37. 41. 47.
τέφρα 59.
τίθημι 31.
τίπτε 122.
τίςις 70.
τλητός 116.
τολυπεύω 40.
τολύπη 40.
τόμος 74.
τορύνη 40.
τράμις 34. 72.
τράπεζα 29. 72.
τραπέω 73.
τρασιά 71.
τραφερός 73.
τρέφω 72.
τρέχω 61.
τρῆμα 34.
τρίβω 27.
τριτύς 112.
τρόφις 72.
τρόχος 61.
τρυφάλεια 29. 35.
τύ 114.
τυλίςςω 40.
τύλος 40.
τύνη 114.
τύρβα 40.
τυφλός 113.
ὕδωρ 25.
υἱύς kret. 39.
υἱός 39.
ὑλακτέω 40.
ὑλάω 40.
ὕλη 36.
ὕπαρ 73.
ὑπό 25.
ὑποβρύχιος 33.
ὑπόδρα 122.
ὑπωρυφία 33.
ὗς 111.
ὑςτέρα 122.
ὕςτερος 25.

ὕςτρος 122.
φάραγξ 105.
φαρέτρα 77.
φέροντα 11.
φεύγω 108 f. 122.
φθίςις 70.
φιλύκη Nachtr.
φιμός 28.
φλεβάζειν 35.
φλέγμα 55.
φλέγω 34 f. 55.
φλόξ 35. 55.
φλύζω 34.
φλυκταίνω 34.
φλυκτίς 34.
φλύω 35.
φορύνω 40.
φορύςςω 40.
φράςςω 34.
φραστύς 112.
φράτρα 122.
φρέαρ 73.
φρύγω 33.
φρύςςω 33.
φυγάς 78.
φύγδα 78.
φύλαξ 34.
φυλίκη Nachtr.
φύλλον 32.
φύρκος 34.
φύρω 40.
χᾱϊος lakon. Nachtr.
χάλαζα 115.
χαλινός 8.
χανδάνω 44. 60. 74. 78.
χαράςςω 115.
χᾱςιος Nachtr.
χειμών 98.
χείςομαι (Fut.) 44. 60.
χέλλιοι aiol. 23.
χέω 122.
χήν 8.
χθές 23. 27.
χθεςινός 23.
χθιζινός 23.
χθιζός 23. 27.
χίλιοι 23. 27 f.
χιλός 28.

χιών 98.
χρεμετίζω 89.
χρίω 27.
χροιά 27.
χρόμαδος 105.
χρόμος 89.
χύςις 70.
ψέλιον 24.
ψιθυρίζω 40.
ψιθυρός 40.
ψίλιον 24.
ψυθίζω 40.
ψυθιςτής 40.
ψυθών 40.
ὦρ 73.

IV. Albanisch.
(alb.).

ašt 59.
dru 25.
ɡerp 103.
ɡendem 44. 74.
hąnε 92.
katεrditε 92.
katεrš 92.
katεrtε 92.
katrε 47 A. 91 f.
rjep 54.

V. Italisch.

1. Lateinisch (lat.).

accendo 44. 56.
actus 41.
alacer 117.
amita 10.
ampla 55.
amplus 55.
anas 85.
ango 58. 75.
angustus 61 A.
anites 85.
anser 8.
aper 49.
aries 56.
armus 9.
assaratum 48.
asser 48.

assir 90.
assyr 48 f.
at 59.
badius 52.
barba 57.
bini 114.
caesaries 48.
calamus 117.
calix 32.
calx 106.
callum 104.
candela 61.
candeo 44. 56. 61. 74.
caper 49.
capo 51.
caprea 49.
capulo 51.
capus 51.
careo 50.
caries 56.
Carmenta 75 A.
carpa 33.
carpo 56. 64.
carrus 62.
cartilago 56.
castrare 50.
castus 50.
caterva 50.
catillus 52 A.
catinus 52.
cervus 62. 105.
cicindela 44.
ciconia 34.
cieo 114.
citus 114.
clino 114.
cluo 113.
colo 106.
consternare 32.
cornu 62.
cornus 72.
cors 72.
cuculus 39.
culleus 104.
cumulus 110.
cupa 112.
curculio 103 A.
curro 62 u. Nachtr.

currus 62.
cursus 62.
cutis 113.
decem 82.
decet 45.
doceo 45 f.
dulcis 39.
emo 55.
equus 25.
et 59.
faces alat. 52 A.
far 56 f.
farrea 56.
fastigium 56. 106.
favilla 59.
fax 52 A.
fertum 33.
festinare 106.
festuca 56.
fiscus 28.
flaccus 55 A.
flagrare 55.
flamma 55.
floccus 55 A.
flumen 35.
fluo 35.
focus 52 A.
folium 32.
formica 33.
fornus 106.
foro 105.
fragilis 54.
fragor 54.
frango 54.
frigo 33.
fructus 110.
fruges 110.
fruor 110.
frutex 113.
Frutis 113.
fugio 108 f.
furca Nachtr.
furfur Nachtr.
furnus Nachtr.
furvus Nachtr.
gabalus 8. 60.
galba 62. 64.
galbinus 62.

galbulus 62.
galbus 62.
gerro 72.
glomus 102.
glubo 110.
gluma 110.
gradior 53. 67. 87.
gradus 53.
grandis 55.
gremium 102.
grex 102.
gula 102. 104.
gurdus 71. 104.
gurges 104.
gurgulio 102.
gustare 113.
habeo 8.
haruspex 99.
helvus 62.
hemo 68. 86.
homo 68.
hordeum 27.
incendo 44. 56.
inclutus 113.
incohare 49. 52.
instigare 83.
iugera 84.
iugum 11.
ius 36.
labium 53 f.
labrum 53 f.
lacertus 23. 54.
lacus 58.
lambo 54.
lanx 58.
lapis 54.
lapit 55.
Larenta 75 A.
latus 55.
lepidus 55.
liber Nachtr.
licinus 22.
luceo 18.
lugeo 109.
lupus 36. 49.
maestus 48.
magis 52.
magnus 52 f. 61. 66. 78. 80.

maior 52.
malleus 58.
mamma 10.
manco 78.
mancus 58.
maneo 67 f.
mantare 67.
marceo 117.
marcidus 117.
memini 107.
menda 9 f. 16.
miser 48.
mollis 72. 104. 107.
moneo 46.
monile 18.
morior 62. 94.
mulcare 72.
mulgeo 82 A.
mulier 104. 107.
mulleus 104.
murmur 101.
murmuro 101.
mus 111.
mutilus 40.
nactus 53. 79.
nox 41.
obliquus 23.
octo 46.
oculus Nachtr.
os (oss) 59.
palla 57.
palleo 56. 104.
pallidus 56.
pallium 57.
pallor 56.
palma 117.
palmus 117.
pampinus 58.
panceps 58.
Panda 47.
pando 29. 47.
panus 57 f.
paries 56.
pario 56.
pars 56.
partecta 57.
partus 56.
pateo 46 f. 60.

patulus 47.
pecu 29.
pellis 57.
penna 60.
pertica 57.
pes 19. 44. 78.
peto 60.
petulans 25.
petulantia 25.
petulcus 25.
porcellus 63 A.
porrum 71.
porticus 57.
portio 56.
posco 62.
prehendo 44. 59. 66. 74.
procus 66.
pullus 104.
pupulus 112.
pupus 112.
purpura 40.
purpureus 40.
purpurissum 40.
pus 113.
quadru- 35.
quartus 48.
quattuor 30. 47 f. 50. 67 f.
    78. 87. 92.
radix 23.
rapa 73 A.
rapio 54.
rapum 73 A.
ratio 82.
reor 82.
rus 113.
sacena 50 f.
sagire 64.
sagum 60.
salus 55.
salvus 55. 64. 117.
sarcina 55.
sarcio 55. 64. 66 f. 78.
sarp(i)o 55. 64.
sartor 55.
saxum 50 f.
scabies 52.
scabo 52.
scalpo 55.

scando 55. 66 ff. 78.
scandula 55. 66.
scindo 56.
scobina 52.
scobis 52.
sculpo 55.
scurra Nachtr.
seco 50 f.
securis 51.
sedeo 17 f. 59.
sedile 18.
segmentum 50.
semi- 16.
serpens 55. 63 A.
sica 50.
silva 36.
singuli 23.
sorbeo 103.
spargo 105.
splendidus 63 A.
sporta 32. 103.
sportula 103.
spurcus 104 f.
squalus 33.
sturnus 72.
svasum 56.
subus 111.
sucus 111.
sugo 111.
suinus 111.
surdus 56 u. Nachtr.
sus 111.
talpa 56. 64 ff.
tardus 56.
tarmes 117.
temetum 15.
tendo 116.
tenebrae 15.
tenuis 68. 116.
tepeo 46. 48 f.
tignum 90 f.
tongeo 52.
torreo 63.
trabes 55.
Trebonius 55.
trudo 111.
tu 114.
turdus Nachtr.

turpis Nachtr.
ulucus 40.
ulula 40.
ululatus 40.
ululo 40.
unguis 35.
urbs Nachtr.
urgeo Nachtr.
urruncum Nachtr.
ursus Nachtr.
urtica Nachtr.
urvus Nachtr.
valgus 23. 35. 57.
vallis 57.
vallus 57.
valvae 57.
valvolae 57.
vapor 44.
varus 67. 78. 127.
ver 74. 91.
verbenae 71.
vermis 75 A.
verto 72.
vidua 82.
viduus 82.
virus 114.
Volcanus 35.
volvo 57.
voro 104.

2. Altitalische Dialekte.

a) Oskisch (osk.).

far 56.
fusíd 29.
humuns 68.
kahad 49. 52.
kasit 50.
maimas 53.
mais 52 f.
Patanae 47.
patensíns 29 f. 47 ff. 129.
petora 47.
perek(ais) 57.
salavs 55. 117.
tanginúd 52.
tefúrum 48.
Trebiis 55.

b) Umbrisch (umbr.).

abrof 49.
andersistu 25.
apruf 49.
erietu 56.
esunu 49.
homonus 68.
kateramu 50.
mestru 52 f.
persclu 66.
peperscust 66.
perca 57.
saluvom 55.
sarsite 55.
tapistenu 48.
tiçit 45.
trebeit 55.
uřetu 49.
vapef 54.
vapeře 54.

c) Praenestinisch (praen.).

Quorta 48.
tongitio 52.

d) Marsisch (mars.).

pesco 66.

3. Romanische Sprachen.

a) Französisch(franz.).
choc 83.

b) Rumänisch (rumän.).
bărbat 122 A.

VI. Keltisch.

a) Gallisch (gall.).
Atebodua 59.
Ategnata 59.
Atrebates 55.
Bodiocasses 52.
carrus 62.
Dagovassus 60. 63.
Dubis 113.
Dunomagios 52.
galba 62.
κάρνον 62.
κάρνυξ 62.
Magalus 52.
Magiorix 52.
Maglo Dat. Sing. 52.
μαννάκιον 18.
μάννος 18.
sagum 60.
trigaranus 115. 117.
vertragus 61.

b) Irisch.
(Altirisch [air.] u. mittelirisch [mir.] sind hier nicht geschieden.)
and- kelt. 122 A.
aid- 59.
aig 63 f.
aith- 59.
aithirge 61 A.
all 63. 66.
amait 10.
anart 61. 66.
and 61. 66.
arco 62. 66.
asna 59.
atreba 55.
balc 62.
bairgen 33.
barr 56. 62. 106.
berid 65.
bern(a) 105.
bligim 65.
braich 33.
brith 65.
buide
cair 63.
carr 62.
ceinn 56.
ceis 50.
cethern 50.
certle 56.
cethernach 50.
cethir 47.
crann 62. 66.
cruim 75 A. 103.
cruth 105.

traed Pl. 61.
treb 55.
troed Sing. 61.
trythu 111.
ysblan 63 A.

e) Cornisch (corn.).
(a. = altcornisch.)

ascorn 59.
asen 59.
cala 117.
a. *can* 61.
carn 62.
gavel 60.
pren 62.
a. *icy* 63.
le 61.
a. *truit* 61.

f) Bretonisch.
(a. = altbretonisch.)

enk 58. 75.
a. *gablau* 60.
gaol 60.
haezl 59.
heal 59.
kann 61.
karn 62.
karo 84.
koloenn 117.
a. *nahulei* 61.
prenn 62. 66.
tenao 116.
troad 61.

VII. Germanisch.
1. Gotisch (got.).

afskiuban 110.
aqizi 84. 86.
appan 59.
auhns 25.
barizeins 56.
baúrans 77.
bigitan 59.
binauhts 53. 79.
biugan 109.
brikan 54. 86.
broþar 80 f.

brukans 86.
brūþs 113.
daubs 113.
daúhtar 80 f.
dūbō 113.
fadar 81.
fotubaúrd 80.
fram 84.
fruma 84.
framis 84.
fūls 113.
gabaúrþs 85.
gabruka 54.
ganah 53. 79.
ganauha 53. 79.
gapaírsan 63.
giban 60.
gibla 60.
grids 53 A.
gudhūs 113.
guma 86.
haírtō 72.
haitan 114.
haudugs 84.
hardus 72.
hauhs 113.
haúrn 62. 81.
hiuhma 113.
hlūtrs 113.
hūhjan 113.
ƕaírnei 71.
iþ 59.
jukuzi 84.
kalbo 62.
kaúrus 86.
kiusan 113.
knussjan 79.
kunnum 98.
laikan 27.
liuts 110.
luftus 84.
lūkan 109.
lutōn 110.
mais 53.
maists 53.
maiza 53.
mikils 52.
miluks 82 A.

munan 77.
nagaþs 84.
nahts 41.
qiþus 34.
raþjō 82.
rūms 113.
rūna 113.
sama 16.
skaban 52.
slēpan 82.
sōkjan 64.
staþs 81.
stiks 83.
sunus 81. 113.
swarts 56.
taíhun 82.
tandjan 122 A.
tigjus 84.
tigus 82.
trudan 80.
þagkjan 52.
þaúrnus 81.
þaúrsus 85.
þragjan 61.
ufrakjan 30.
unvunands 98.
us-þriutan 111.
ūt 113.
waúrms 75 A.
waurts 23. 71.
widuwo 82.
wulfs 35 f. 70. 81. 86.

2. Hochdeutsch.
a) Althochdeutsch (ahd.).

ackus 84. 86.
amma 10.
anut 85.
barta 57.
birriha 85 A.
bleckan 55.
brehhan 54.
bret 80.
brūhhan 110.
brūt 113.
burst 56. 62.
demar 15.

denchan 52.
dinstar 15.
dorf 80.
drīzug 82. 88.
dunni 116.
durri 85.
ebur 49.
ehir 84.
elbiz 34.
enit 85.
falo 104.
fater 81.
felis 63. 66.
forhana 72.
fūl 113.
gabala 8. 60.
geban 60.
gelo 62.
gersta 27.
gibil 60.
giburt 85.
gilingan 74.
ginuht 53. 79.
grāt 115.
habuh 84.
hagazussa 84.
hagzissa 84.
hart(i) 72.
hazzissa 84.
hazzussa 84.
hautag 84.
hehhit 84 f.
heizan 114.
herbist 63.
hiruz 84.
hleinan 114.
Hludwig 113.
hlūt 113.
horn 62.
hornaz 84.
horsc 80.
hūs 113.
hūt 113.
hwelban 95 A.
hwerban 32.
chursina 33.
chūski 113.
kelbir 84.

klioban 110.
klūbōn 110.
knetan 79.
cnodo 79.
knopf 80.
kranih 84. 117.
kranuh 84. 117.
krazzōn 79.
ibu 84.
laffan 54.
lefs 54.
lembir 84.
lenka 74.
lūhhan 109.
menni 18.
milih 85 A.
miluh 82 A. 85 A.
miluhkübel 113.
moraha 71.
murmulōn 101.
murmurōn 101.
mūs 111.
nackot 84.
nasa 79.
nestila 61. 79.
nihhessa 84.
nihhussa 84.
nist(e) 61.
nŭ 114.
nusca 61. 66. 79.
nuscia 61. 79.
nusta 61. 79.
oba 84.
queran 105.
redea 82.
ringi 25.
rūm 113.
rūna 113.
ruoba 73 A.
sahs 51.
scaban 52.
scelifa 55.
scilaf 84.
sciluf 84.
scoc 83.
scrītan 27.
slaf 82.
smero 33.

stam 83.
stecko 83.
stehho 83.
sticchen 83.
stichil 83.
stiuz 73 A.
stornēn 32.
strūbēn 112.
sūfan 110.
sūgan 110.
sunu 113.
sweiz 114.
thviril 40.
toub 113.
tretan 80.
ube 84.
unhiuri 113.
ūz 113.
wesanēn 114.
wituwa 82. 86.
wolf 86.
wurz 23.
zapho 83.
zoph 83.
zweinzig 82. 84. 86. 91.

b)Mittelhochdeutsch
(mhd.).

dempfen 105 A.
gehiure 113.
habich 84.
horniz 84.
hūchen 110.
kobe 113.
krebe 80.
korp 80.
linc 74.
matte 79.
motte 79.
mutte 79.
rām 82.
regen 73.
schocke 83.
schocken 83.
slūch 110.
slūchen 110.
slucken 110.
smackezen 80.

Wirbel 32.
Wolf 35. 86.
Wurm 75 A.
Zapfen 83.
zehn 82.
Zipfel 83.
Zopf 83.

3. Niederdeutsch.

a) Altsächsisch (as.).

barda 57.
brūkan 110.
geƀan 60.
hacud 84 f.
hard 72.
hlūd 113.
hlūttar 113.
hūd 113.
miluc 82 A.
rakud 84.
reƌia 82.
rūna 113.
stamm 83.
stekko 83.
stock 83.
strūf 112.
thurri 85.
tredan 80.
unhiuri 113.
ūt 113.
widowa 82. 86.
wrisil 27.
wrisilīc 27.

b) Mittelnieder-
deutsch (mnd.).

būgen 109.
hūken 110.
knuppe 80.
knutte 79.
kretten 79.
schucke 83.
schūven 110.
sloke 110.
slūken 110.

c)Neuniederdeutsch
(nnd. = Plattdeutsch).

slūk(e) 110.

tippel 83.
Væsel 76 A.

4. Holländisch.

buigen 109.
gevel 60.
huiken 110.
schuiven 110.

5. Altfriesisch (afries.).

hnekka 82.
melok 82 A.
skūva 110.
slūta 109.

6. Angelsächsisch-Englisch.

a) Angelsächsisch
(ags. = altenglisch).

benuȝon 79.
bord 80.
bred 80.
būȝan 109.
calfur Pl. 84.
cnedan 79.
cnotta 79.
cnæpp 79.
ðrep 55.
éar 84.
ened 85.
ȝeador Nachtr.
ȝeafol 60.
ȝesmoȝen 110.
ȝesóme 16.
ȝicel 63.
ȝiefan 60.
ȝrātan 27.
ȝycer 84.
hacod 84.
hæced 84.
hælfter 85.
hœrðan 85.
hœrfest 63. 85.
heafoc 84.
heard 72.
hefig 84.
hefug 84.
hlútor 113.

hnekka 82.
horsc 80.
hús 113.
hwéol 36.
hýdan 113.
hýre 113.
lippa 53.
lombor Pl. 84.
lúcan 109.
lútan 110.
lýtel 80.
mene 18.
meoluc 82 A.
micel 80.
moðƌe 79.
mycel 80.
nacod 84.
næs 79.
nosu 79.
orleȝe 84.
reced 84.
rún 113.
scacan 83.
scéofan 110.
scrípan 27.
scúfan 110.
seax 51.
smúȝan 110.
staca 83.
stefn 83.
sticel 83.
stician 83.
stofn 83.
strútian 112.
stybb 83.
súcan 110.
súȝan 110.
sunu 113.
súpan 110.
tappa 83.
topp 83.
tredan 80.
þorp 80.
þrep 80.
þyrre 85.
út 113.
wrenc 35.
wulf 86.

b) Neuenglisch (engl.).

Boodle 76 A.
bulk 62.
calf 62.
groads 27.
nose 79.
stick 83.
together Nachtr.

7. Nordisch.
a) Altisländisch(aisl.).

argr 81.
barða 57.
bjǫrk 85 A.
borð 80.
burðr 85.
des 83. 86.
dorg 80.
drag 80.
draga 80.
dys 83. 86.
Drumba Nachtr.
faðmr 60.
feldr 57.
Fenja 75 A.
fiall 63. 66.
gefa 60.
geta 59.
hafr 49.
harðr 72.
haukr 84.
herðar 56.
herfe 56.
hinna 56.
hnakki 82.
hoka 110.
hokra 110.
horskr 80.
hress 80.
Hrist 75 A.
hrútr 84.
húka 110.
humarr 86.
hús 113.
hvelfa 95 A.
hýrr 113.
jaki 63.

jǫkull 63.
kálfi 62.
knappr 79.
knatti 79.
knoða 79.
knǫttr 79.
krás 13.
krjúpa 112.
krota 79.
Kumba Nachtr.
kúfóttr 112.
kúfungr 112.
ljósastjaki 83.
loptr 84.
men 18.
Menja 75 A.
Mist 75 A.
motti 79.
nist 66. 79.
nǫs 79.
nøkkueðr 84.
orlǫg Pl. 84.
ǫx 84.
ragr 81.
rúm 113.
rúnar 113.
serða 81.
skaka 83.
skokka 83.
skorpinn 72.
skúfa 110.
ganga skykkjum 83.
sluccim 110.
slúta 110.
sonr 113.
sorðenn 81.
stafn 83.
staðr 81.
stikill 83.
stikka 83.
stjaki 83.
stofn 83.
stokkr 83.
stroðenn 81.
strútr 112.
stubbr 83.
súga 110.
súpa 110.

tappa 83.
tegr 82.
telgia 95 A.
tigr 82.
toppr 83.
troða 80.
tuitugr 82.
tutuggu 82. 84. 86.
ulfr 86.
út 113.
þorp 80.
þorskr 81.
þrítugr 82.
þrútinn 111.
þurr 85.
þú 114.
œþr 85.
øx 84.

b) Neuisländisch.
korpa 106.
kúor 113.

c) Norwegisch.
demba dial. 105 A.
knott 79.
knupp dial. 80.
nøkja 82.
slūka 110.
søbe 110.
tuppa dial. 83.

d) Schwedisch.
ådda 85.
būgha aschwed. 109.
trosk 81.

e) Dänisch.
bulk 62.
husegel 63.

VIII. Baltisch-Slavisch.
1. Baltisch.
a) Litauisch (lit.).
ambà 10.
aprepti 54.
bangùs 109.

skeliù 32.
skęstù skęsti 27.
skëdrà 30.
skédžiu 30.
skésti 30.
skraidus 27.
skrebiu skrepti 72.
skrìsti 27.
skrýtis 27.
skùpti 110.
skurstù 103.
slepiù 87.
smarkatà 106.
smùkti 110.
spindéti 26.
spįstu spįsti 26.
spragù spragéti 87.
sprìgés 87.
sprókstu 115.
sprókti 115.
spùrgas 105.
srébiù 103.
stebiùs 86.
stegerỹs 83.
sudriskaũ 87.
sunkiù 110.
sūnùs 113.
surbiù 33. 103.
szászas 86.
szlaviaũ 113.
szlùju 113.
sznabždù 87.
sznibždù 87.
szvìnas 44.
talpà 56.
tamsà 15.
tamsùs 15.
tavę̃ 114.
telpù, tiłpti 56. 66.
témti 15.
tenvas dial. 68. 116.
teterva 72.
tétervinas 72.
teszkù 86.
tìmsras 15.
tiszkaũ 86.
trepstu 87.
tręsztù 87.

tripséti 87.
trisziù 87.
tvaskéti 86.
tveñkti 57.
tveriù 56.
tviñkti 57 f.
tvìska 86.
tviskéti 86.
tvorà 56.
ulùti 40.
ùpé Nachtr.
varsà 106.
verpiù 71.
viłkas 35 f.
vìras 67. 127.
viřbas 71.
žą̧sìs 8.
želvas 62.
žuvìs 24.

b) Lettisch (lett.).

asins 48. 90.
drebinãt 87.
dribinãt 87.
dſisu 86.
gãds 8.
gluds 111.
gridiju 53. 87.
maldĩt 105.
melst 105.
mũkt 110.
muldẽt 105.
pampt 58.
paupt 112.
pempis 58.
pempt 58.
plãzis 116.
pumpt 58.
pups 112.
pũpul'i 112.
pũpùl'i 112.
purdul'i 105.
pur(w)s 105.
pũte 112.
sagſcha 60.
sarezẽt 87.
sarikt 87.
schḱedẽns 30.

schḱibĩt 86.
schḱĩbs 25.
sega 60.
segene 60.
segt 60.
skritulis 27.
spanda 26 A.
sprigulis 87.
spurstu 103.
spùdrs 26.
stiba 86.
sūkt 110.
surbju 103.
sũzu 110.
tëws 68.
tulpĩtẽs 56.
walgs 35.

c) Altpreußisch (apreuß.).

gulbis 105.
gurkle 102. 105.
klupstis 95 A.
kurwis 105.
peisda 88.
perlãnkei 74.
sĩdons 18.
sperglawang 105.
spurglis 105.
tou 114.
widdewũ 82.

2. Slavisch.

a) Altkirchensla-visch (aksl. = alt-bulgarisch).

abije 77.
berą 89.
bъrati 77. 89.
bogatъ 13.
bъrъ 57.
chodъ 88.
česo 88.
četyre 47.
čъso 88.
čъto 88 A.
dąti 105 A.

157

drъva Plur. 25.
dъma 105 A.
dunąti 105 A.
dymъ 105 A.
gąsъ 8.
-ge 45.
gnetą 79.
goląbъ 105.
gora 99.
-grъměti 89.
-go 45.
grądъ 55.
grędą 53.
gromъ 89.
grъbъ 106.
grъlo 105.
grъnъ 105.
ilъ 26.
jeterъ 61 A.
kolěno 106.
kolo 106.
krava 105.
kričati 26.
kričь 26.
krъčь 105.
krъma 106.
kukavica 39.
kupъ 112.
ląkъ 58.
lebedъ 34.
likovati 27.
likъ 27.
lъgъkъ 61.
melją 32.
męnkъkъ 58.
mъněti 77.
mlatъ 58.
monisto 18.
mrъmrati 101.
mučati 110.
nesą 53. 79.
nosъ 79.
noštъ 32.
omęčiti 58.
otъ 59.
peką 88 f.
pelesъ 104.
pъci 88 f.

plavъ 104.
polučiti 74.
ravnъ 113.
reką 88 f.
rěpa 73 A.
rъci 88 f.
rogъ 73.
rokъ 89.
samъ 16.
sěką 16. 50 f.
skoblъ 52.
socha 51.
strъpъtъnъ 112.
strъpъtъ 112.
sъląkъ 58.
sъsati 110.
synъ 113.
šъdъ 88.
teką 88.
tъci 88 f.
tъma 15.
tъną 74.
tъnъkъ 116.
tri desęte 88.
ty 114.
tyky 40.
vęžą 58. 61 A. 75.
vъdova 82.
vlъkъ 36.
vъzgrъměti 89.
zvъněti 89.
zvonъ 89.
-že 45.
žegą 88.
žezlъ 88.
žъgą 88.
žъzlъ 88.

b) Russisch (a. = altrussisch).
bzdětъ 88.
bóryj 106.
borošno 57.
borščь 106.
bortъ 106.
borъ 57. 106.
brága 33.
v'odró 130.

vórsa 106.
gorbъ 106.
górlo 105.
gornъ 106.
dvádcatъ Nachtr.
dvěnádcatъ Nachtr.
dés'atъ Nachtr.
zvozdá 130.
kokúška dial. 39.
kópotъ 44.
kórkuš klruss. 106.
kormъ 106.
kukúška dial. 39.
mólotъ 58.
nosítъ 46.
odínnadcatъ Nachtr.
pápertъ 57.
pizdá 88.
pry-hortáty klruss. 106.
pukъ 58 A.
a. rъku 89.
serpъ 55.
sidětъ 17.
smorkátъ 106.
tolpítъsja 56.
topítъ 46.
trídcatъ 88. 91 u. Nachtr.
čepécъ 88.
česátъ 88.
četá 88.
čechól 88.

c) Polnisch.
bark 106.
garnąć 106.
go 47.
cztery 47. 87. 89. 92.

d) Čechisch.
brt 106.
ho 47.
čepýriti 88.
čtyři 47. 87. 89. 92.

e) Slovenisch.
pléna 57.
pъzděti 88.
stežje 83.

stožanje 83.
čepériti se 88.

f) Serbisch.

bâr 106.
pizda 88.
čèpac 88.

g) Bulgarisch.

dъrdórъ 101.
kúlka 106.

Nicht-
indogermanische
Sprachen.

Altägyptisch.

ibh 6 A. 2.

Koptisch.

ἐβου 6 A. 2.

Ungarisch.

Fátra Nachtr.
ikerszók 76 A.
Késmárk Nachtr.
Mátra Nachtr.
Tátra Nachtr.

Türkisch
(= Osmanisch).

ata 11.
kuku 39.